普通高等学校"十二五"规划教材

# C#程序设计实用教程

主　编　陈海蕊　亓传伟
副主编　马相芬　张军锋　郝世选　张洁

国防工業出版社
·北京·

# 内容简介

本书结合 Visual Studio 2008 全面详细地介绍了 C# 程序设计开发方法和相关应用技术。全书共分 10 章，主要内容包括：C# 概述，数据类型、运算符与表达式，数组、结构和枚举，程序结构和异常处理，面向对象程序设计，集合与泛型，文件和 XML，Windows 程序设计，数据库应用和 Web 程序设计等。

本书结构清晰，实例丰富，浅显易懂，并且免费提供电子课件和书中的源代码。本书可作为高等学校相关课程的教材，也可作为读者自学 C#程序设计开发和应用的参考书。

**图书在版编目(CIP)数据**

C#程序设计实用教程/陈海蕊，亓传伟主编. —北京：国防工业出版社，2013.7

普通高等学校"十二五"规划教材

ISBN 978-7-118-08852-6

Ⅰ.①C... Ⅱ.①陈...②亓... Ⅲ.①C 语言 - 程序设计 - 高等学校 - 教材 Ⅳ.①TP312

中国版本图书馆 CIP 数据核字(2013)第 136600 号

※

国防工业出版社出版发行

(北京市海淀区紫竹院南路 23 号 邮政编码 100048)

北京奥鑫印刷厂印刷

新华书店经售

*

开本 787×1092 1/16 印张 13½ 字数 328 千字

2013 年 7 月第 1 版第 1 次印刷 印数 1—4000 册 定价 30.00 元



国防书店：(010)88540777 发行邮购：(010)88540776

发行传真：(010)88540755 发行业务：(010)88540717

# 前　言

C# 是微软公司为其新一代的.NET 平台精心打造的主流程序设计语言，C# 一经推出便得到了程序员们的广泛关注，C# 在开发面向对象应用程序方面具有开发速度快、界面友好等特点，C# 目前已经成为 Windows 应用程序设计和 Web 应用程序设计的优选语言。本书从介绍 C# 的基本概念出发，由简单到复杂，循序渐进地介绍 C# 面向对象的程序设计方法。在内容介绍上力求翔实和全面，并且细致解析每个知识点和其他知识点的联系。书中列举了大量应用示例，读者通过上机模仿可以大大提高使用 C# 开发控制台应用程序、Windows 窗体应用程序和 Web 应用程序的能力。本书结合 Visual Studio 2008 全面翔实地介绍了 C# 开发 Windows 应用程序和 Web 应用程序的方法和技术。

全书共分 10 章，主要内容包括：C#概述；数据类型、运算符与表达式；数组、结构和枚举；程序结构和异常处理；面向对象程序设计；集合与泛型；文件和 XML；Windows 程序设计；数据库应用；Web 程序设计。本书在讲述 C# 基本内容的同时，重点介绍了在 C# 中使用 Server 数据库、XML 文档等技术，反映了 C# 开发的新技术与发展趋势。同时各章提供了一定数量的练习题，供读者选用。本书以易学易用为重点，充分考虑实际开发需要，提供大量的实例，引导读者掌握 C# 程序设计开发的方法与技巧，使读者学习本书后可以很容易地设计出实用的 Windows 和 Web 应用程序。

作者结合多年的“C# 程序设计”教学经验，采用理论与实践相结合的思路组织编写本书，本着重能力、严实践、求创新的总体思路，注重加强学生应用能力的培养，突出实践教学环节，全书体现科学性、先进性和教学的适用性。本书以大量范例演示 C# 程序设计技术的应用，涉及.NET3.5 大量新技术，知识体系完整。通过本书的系统学习可以掌握 C# 的基本概念及面向对象程序设计的基本应用技能。本书实例中数据库以 SQL Server 2005 为平台。所有实例和实验的源码均在 VS 2008 环境中运行通过。本书配有电子教案、所有实例的源代码，既便于教师教学，也便于学生学习，具有很强的实用性。本书通俗易懂，循序渐进，特别适合高职高专计算机专业的教学，也可以作为非计算机专业计算机基础教学的教材。本书在写作方法上力求深入浅出、简明易懂、便于自学。

本书由陈海蕊、亓传伟、马相芬、张军锋、郝世选、张洁、杜素芳、陈素霞、史丽燕、石峰、王宏昕、李英豪、吴慧玲、汪绪彪、肖玲、李佳、王国勇、张瑞娟、党卫红等共同编写，陈海蕊、亓传伟任主编，马相芬、张军锋、郝世选、张洁任副主编。

在编写本书的过程中参考了相关文献，在此向这些文献的作者深表感谢，同时感谢国防工业出版社刘炯编辑的大力支持。由于作者水平有限，书中难免有错误与不足之处，恳请专家和广大读者批评指正，帮助我们改进提高。作者邮箱：13503939657@139.com。

作者

# 目　录

# 第1章　C#概述

## 1.1　C#简介

### 1.1.1　C#的产生与发展

2000 年为配合.NET 平台的发布，微软公司同时发布了一种新的程序语言——C#，它是专门为.NET 平台设计的一种语言。微软公司对 C#的定义是：“C#是一种类型安全的、现代的、简单的，由 C 和 C++衍生出来的面向对象的编程语言，它是牢牢根植于 C 和 C++语言之上的，并可立即被 C 和 C++的使用者所熟悉。C#的目的就是综合 Visual Basic 的高生产率和 C++的行动力”。C#的设计者是 Anders Hejlsberg，他也是 Pascal 语言和 Delphi 语言的缔造者。

C#是 Microsoft 专门为使用.NET 平台而创建的一种全新的现代编程语言，可用于创建运行于.NET CLR(Common Language Runtime)之上的应用程序。C#从 C、C++、Java 等各种语言演化而来，去其糟粕，取其精华，语言功能非常强大。

C#的发展经历了 1.0、2.0、3.0、3.5、4.0 共 5 个版本，同时其开发平台.NET Framework 也从 1.0 发展至 4.0 版本，集成开发工具从 Visual Studio .NET 2003 发展至 Visual Studio .NET 2010，本书采用的是 C# 3.5，.NET Framework 3.5，开发工具使用 Visual Studio .NET 2008。

### 1.1.2　C#的特点

C#是 C/C++系列中第一个面向组件的程序语言。近几年来面向组件式的程序设计方式已被广泛地应用，不论在三层应用程序结构中的表示层、业务逻辑层、数据访问层还是在多层式的开发上，组件在各层次中均扮演着相当重要的角色。

在类、名字空间、方法重载和异常处理等方面，C#去掉了 C++中的许多复杂性，借鉴和修改了 Java 的许多特性。C#拥有 C++的强大功能以及 Visual Basic 简易使用的特性。C#完全支持面向对象设计，它支持面向对象的所有关键概念：封装、继承和多态性等。在 C#类型系统中，每种类型都可以看作一个对象，C#提供一种“装箱拆箱”机制实现值类型和引用类型之间的转换。

C#支持泛型，泛型是微软重点推出的内容，可使程序更加安全，代码更清晰。C#有着数量庞大、功能齐全的类库支持，可以简单地完成复杂的加密操作、网络应用操作等。使用 C#可以轻松地构建功能强大、开发快捷、运用方便的应用程序。使用 C#能够编写 Windows 应用程序、Web 应用程序和 WebService 等。

## 1.2　构造 C#的开发和运行环境

### 1.2.1　.NET Framework 简介

2000 年微软发布其.NET 战略，全球掀起了学习与使用.NET 热潮。.NET 开发平台的重要内容.NET Framework 是开发.NET 应用程序的基础。目前，.NET 框架经历了 1.0、2.0、3.0、3.5、4.0 共 5 个版本。

开发或运行.NET 程序必须安装.NET Framework，它运行于操作系统之上，提供了创建、部署和运行.NET 应用的环境。.NET 框架提供了大量的类库，.NET 应用程序可使用这些类库进行开发，它提供了一个面向对象的编程环境，提供对 Web 应用的强大支持，提供对 Web Service 的支持。.NET 框架有两个主要组件：公共语言运行时和框架类库，其体系结构图如图 1-1 所示。

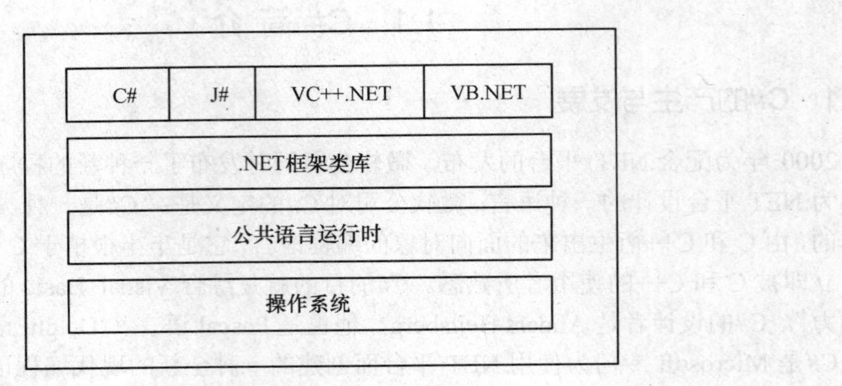


图 1-1　.NET 框架体系结构图

CLR(Common Language Runtime)，即公共语言运行时，它是所有.NET 应用程序运行时的环境，如同一个支持.NET 应用程序运行和开发的虚拟机，是所有.NET 应用程序都要使用的编程基础。CLR 包含两个组成部分：公共语言规范 CLS 和通用类型系统 CTS。.NET 框架支持跨语言的开发，也即支持如 C#、J#、VC++.NET、VB.NET 等多种开发语言，但是不同的编程语言之间的语法规范和数据类型有着很大的区别，CLR 如何托管不同的语言呢，如何限制不同语言间的互操作问题呢？公共语言规范 CLS 制定了一种以.NET 平台为目标的语言所必须支持的最小特征，以及该语言与其它语言之间实现互操作所需的完备特征，凡是遵守这个标准的语言在.NET 框架下都可以实现互相调用。通用类型系统 CTS 用于解决不同语言的数据类型不同的问题，所有.NET 语言共享 CTS，实现无缝互操作。例如 C#中的整型是 int，而 VB.NET 中的整型是 Integer，通过 CTS 把它们编译成通用的类型 Int32。

.NET 框架类库提供了大量实用的类，是进行开发的资源宝库。类库提供对系统功能的访问，是建立.NET 应用程序、使用组件和控件的基础。该类库包括 170 多个命名空间，上千个类，提供对文件的基本操作，对网络的访问，对图形的操作，提供安全控制等，功能齐全，方便使用。

### 1.2.2　C#语言与.NET Framework 的关系

为配合.NET 平台的发布，微软同时发布了 C#语言，是微软为奠定其互联网霸主地位而打造的专门用于.NET 平台的主流语言，用 C#编写的代码总是在.NET Framework 中运行，根据微软源文件，大部分.NET 基类实际上都是使用 C#编写的。但是，C#本身只是一种编程语言，尽管它是用于生成面向.NET 环境的代码，它本身并不是.NET 的一部分。.NET 支持的一些特性，C#并不支持，而 C#支持的若干特性.NET 却不支持。另外，根据图 1-1 可以看出，.NET 平台是跨语言的，尽管 C#是专为.NET 平台打造的，.NET 平台却非只支持 C#一种语言。

### 1.2.3　C#的集成开发环境 Visual Studio 2008

Visual Studio 是一套完整的开发工具集，用于开发桌面应用程序、ASP.NET Web 应用程序、Web Service、移动应用程序等，为快速开发应用程序提供强大支持。目前广泛使用的版本是 Visual Studio 2005 和 Visual Studio 2008，本书采用 Visual Studio 2008。

使用 VS 创建 C#应用程序主要有三个步骤：首先新建项目，编辑源程序；然后生成可执行文件；最后调试运行。

启动 Visual Studio 2008，显示如图 1-2 所示的起始页，在起始页中可以建立新的项目或打开已有的项目。

图 1-2　Visual Studio 2008 起始页

在 Visual Studio 2008 集成开发环境中执行“文件”|“新建”|“项目”命令，弹出“新建项目”对话框，如图 1-3 所示。

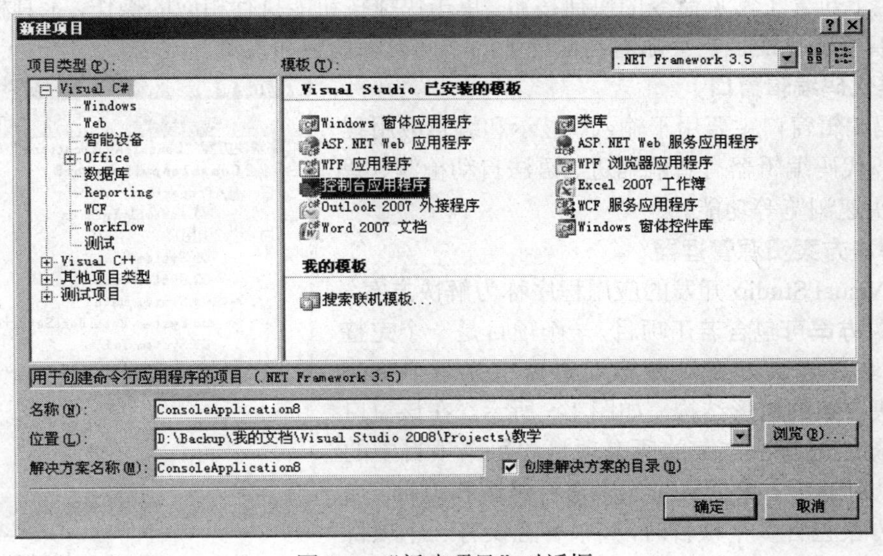


图 1-3　“新建项目”对话框

要创建新的 Visual C#项目，需在“新建项目”对话框中的“项目类型”列表框中选择“Visual C#”选项，在“模板”列表框中选择“控制台应用程序”或“Windows 窗体应用程序”或“ASP.NET 应用程序”等选项以确定所创建 C#程序的类型，这里选择“控制台应用程序”,然后在“名称”文本框输入项目的名称，在“位置”文本框中输入项目的保存路径，单击“确定”，进入如图 1-4 所示的 Visual Studio 2008 集成开发环境。

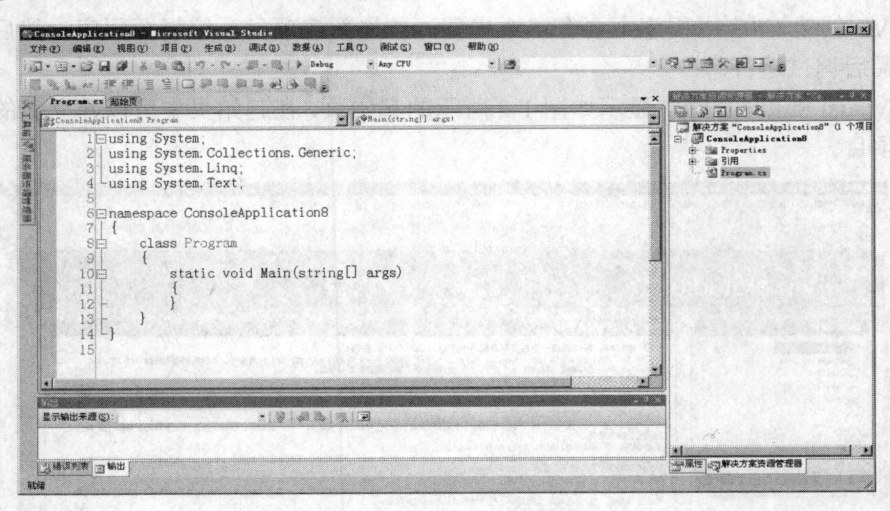

图 1-4　Visual Studio 2008 集成开发环境

Visual Studio 2008 集成开发环境包括菜单栏、工具栏、类代码编辑窗口、解决方案资源管理器、属性窗口、工具箱、服务器资源管理器、输出窗口、错误列表等。

**1．菜单栏**

菜单栏包含丰富的菜单项，通过菜单项能实现程序开发中绝大部分的功能。菜单会随着不同项目和不同类型文件的变化而动态地发生变化。

**2．工具栏**

工具栏上包含了常见命令的快捷按钮，单击快捷按钮能执行相应的操作，工具栏上的快捷按钮也是智能变化的，它会随着当前任务的不同自动调整和改变。

**3．类代码编辑窗口**

类代码编辑窗口主要用于输入、显示和编辑应用程序的代码，代码编辑器有智能缩进、语法自动检测、智能输出、快速浏览等功能。

**4．解决方案资源管理器**

使用 Visual Studio 开发的应用程序称为解决方案，每一个解决方案可包含若干项目，一个项目是一个完整的程序模块。解决方案资源管理器窗口显示 Visual Studio 解决方案的树形结构，如图 1-5 所示。在该窗口中可以浏览组成解决方案的所有项目和每个项目中的文件，可以对解决方案的各个元素进行组织和编辑。当一个解决方案包含多个项目时，其中有且仅有一个项目是默认的启动项目，启动项目的名称以粗体显示，该项

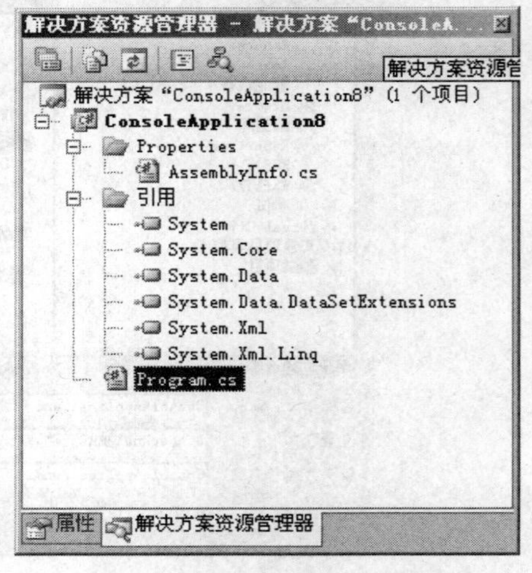


图 1-5　解决方案资源管理器

目是程序运行的入口。

双击某项目中文件将打开相应的视图，即可对该文件进行编辑，双击代码文件将打开代码视图，双击窗体文件将打开设计器视图。单击选中某文件，在解决方案资源管理器的上方将动态地出现相应的按钮，单击某按钮可以实现相应的功能。如果选中的是窗体文件，将出现设计器视图与代码视图按钮，单击某一按钮将打开相应的视图。若选中的是代码文件，将只显示代码视图按钮。

**5．属性窗口**

属性窗口是集成开发环境中的一个重要的工具，在窗口中显示被选对象的常用属性，通过该窗口能对当前对象进行属性设置、事件管理等。

**6．工具箱**

在开发 Windows 应用程序、Web 应用程序时会频繁使用工具箱。工具箱提供了可视窗体或页面中的可用控件，对所有控件按用途以列表形式进行分类。

**7．服务器资源管理器**

可使用服务器资源管理器查看和操作位于该服务器上的数据链接、数据库连接和系统资源，这样在继承开发环境中就方便了对所有的服务器和数据库资源进行管理和控制，提高了项目开发的效率。

**8．输出窗口**

输出窗口主要用于输出编译的信息，包括出错信息和警告信息。

**9．错误列表**

错误列表用于根除代码中的错误，如果双击该窗口中显示的错误，光标就会跳到源代码中出错的地方，这样就可以快速更正错误。代码中有错的代码行会出现红色的波浪线，便于快速扫描代码，找出错误。

## 1.3　第一个 C#程序

### 1.3.1　控制台程序——Hello World

为了熟悉 C#语言的编程规则，我们从经典的“Hello World”开始认识最简单的 C#程序。从这个示例可以发现，基于.NET 框架强大的类库在进行应用程序开发时是多么简单快捷。

这里使用“控制台应用程序”模板创建一个控制台应用程序。

启动 Visual Studio 2008(有时简称 VS 2008)，在 VS 2008 创建并运行控制台应用程序包括三步：新建项目，生成解决方案和调试。现在就创建第一个 C#控制台应用程序，在控制台输出一句话“Hello World!”。

主要步骤如下：

(1) 新建项目。

① 在 VS 菜单栏中选择“文件”|“新建”|“项目”命令，打开“新建项目”对话框。

② 在左侧的项目类型中选择“Visual C#”，在右侧的模板中选择“控制台应用程序”。

③ 在“名称”栏中输入项目及解决方案的名称“HelloWorld”。

④ 在“位置”栏输入项目的路径。

⑤ 单击“确定”按钮，在 Program.cs 文件中的 Main 方法中添加如下代码：

```
Console.WriteLine("Hello World!");
Console.ReadLine();
```

核心代码如图 1-6 所示。

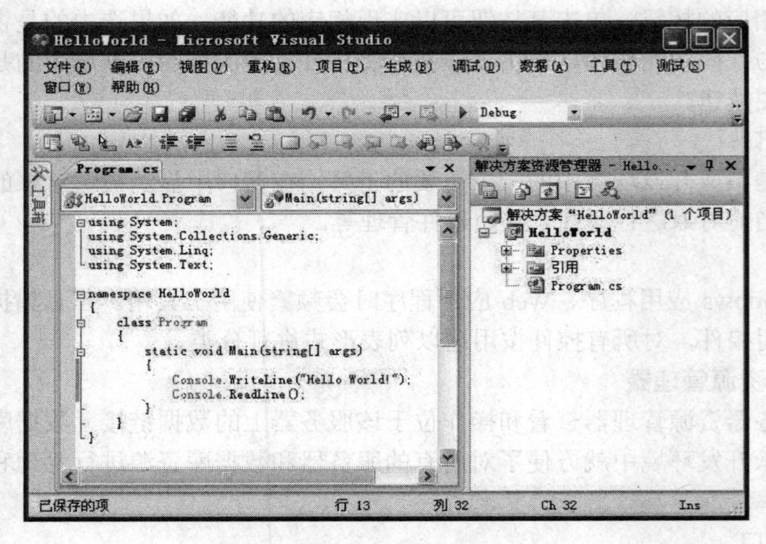


图 1-6　Hello World 项目核心代码

(2) 生成解决方案。

在 VS 菜单栏中选择"生成"|"生成解决方案"选项。如果错误列表中没有显示错误和警告，VS 的状态栏显示"生成成功"，就表示代码没有编译错误，可以准备运行了。

(3) 调试运行。

在菜单栏选择"调试"，再选择"启动调试"选项，运行结果如图 1-7 所示。

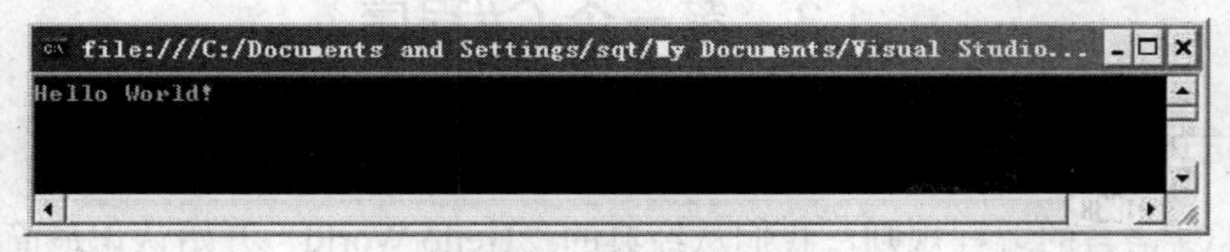


图 1-7　Hello World 项目输出结果

Program.cs 是程序源文件，其中完整的代码如下所示。

【例 1-1】

```
using System;
using System.Collections.Generic;
using System.Linq;
using System.Text;

namespace HelloWorld
{
    class Program
    {
```

```
        static void Main(string[] args)
        {
            Console.WriteLine("Hello World!");
            Console.ReadLine();
        }
    }
}
```

下面我们从外到内逐层分析 Program.cs 中的代码的各个组成部分。

#### 1. namespace 关键字

命名空间（namespace）是为了防止相同名字的不同标识符发生冲突而设计的隔离机制。C#中使用树状的编码方式对命名空间进行管理。namespace 是 C#中组织代码的方式，它的作用类似于 Java 中的包（package），这样就可以将紧密相关的代码放在同一个命名空间里，提高了管理和使用代码的效率。本例中 VS 自动以项目名称 HelloWorld 作为命名空间的名字。

#### 2. using 关键字

在 Java 中使用 import 关键字导入其它包，类似地，C#中通过 using 关键字来引用其它命名空间。在.NET 框架类库中提供的不同组件都被包含在一定的命名空间中，要使用这些组件必须通过 using 关键字开放相应的命名空间，使得相应的标识符对编译器可见。如果没有使用 using 关键字，相应的标识符应该包含完整的空间路径。本例我们添加的第一条语句中的 Console 就包含在 System 命名空间中，如果不是用 using 引用 System 命名空间，则第一条语句必须改成：System.Console.WriteLine("Hello World!");。

#### 3. class 关键字

C#是一种面向对象的语言，使用 class 关键字表示类，我们编写的任何代码都包含在一个类中。类要包含在某个命名空间里。本例中 VS 自动起的类名是 Program，可根据个人喜好或实际情况修改类名。

#### 4. Main()方法

C#中的 Main()方法是程序的入口，应用程序从这里开始运行。与其它语言不同的是 C#中的 Main()方法首字母必须大写。C#是大小写敏感的语言。方法体中的语句包含在{}中。本例中我们添加的两条语句的作用分别是：首先调用控制台 Console 类的 WriteLine 方法向控制台输出一条消息，然后调用 Console 类的 ReadLine 方法使输出窗口等待用户的输入再关闭。

### 1.3.2 输入/输出操作的实现方法

在前面的例 1 中，我们在程序中添加了如下代码：

```
Console.WriteLine( “Hello World!” );
Console.ReadLine();
```

这里的 Console 是 C#中的控制台类，利用它能够很方便地进行控制台的输入输出。常用的输出方法有两个：Console.WriteLine()和 Console.Write()。常用的输入方法也有两个：Console.ReadLine()和 Console.Read()。表 1-1 显示了这 4 种方法的主要功能。

表 1-1 Console 方法

| 方法名称 | 描述 |
| --- | --- |
| Write | 将指定的信息写入标准输出流 |
| WriteLine | 将指定的数据（后跟当前行结束符）写入标准输出流 |
| Read | 从标准输入流读取下一个字符 |
| ReadLine | 从标准输入流读取下一行字符 |

### 1．Console.WriteLine( )方法

利用 Console.WriteLine()方法输出有 3 种方式：

1) Console.WriteLine()

无参的 Console.WriteLine()方法用于将当前行终止符输出到控制台，也即在控制台上输出空行，然后回车换行。

2) Console.WriteLine(欲输出的值)

此种方式用于在控制台输出一个值，例如：

```
Console.WriteLine(5);
Console.WriteLine('a');
Console.WriteLine("abcd");
```

分别向控制台输出 5、a 和 abcd。

3) Console.WriteLine(“格式字符串”,变量列表)

在这种方式中，WriteLine()方法的参数由两部分组成：“格式字符串”和变量列表。例如：

```
string cource = "C#";
Console.WriteLine("We are learning {0}",cource);
```

这个例子向控制台输出：We are learning C#。代码中的"We are learning {0}"是格式字符串，{0}是占位符，它所占的就是后面的 cource 变量的位置，其作用类似于 C 语言中的%d 或%s 等。在格式字符串中我们依次使用{0}、{1}、{2}…代表欲输出的变量，然后将变量依次排列在变量列表中，{0}对应变量列表的第 1 个变量，{1}对应变量列表的第 2 个变量，依此类推。

### 2．Console.ReadLine( )方法

与 Console.WriteLine()相对应，从控制台输入可以使用 Console.ReadLine()方法返回一个字符串，可以直接将它赋给一个字符串变量。例如：

```
string name = Console.ReadLine();
```

如果需要输入的不是字符串，假如是 double 类型的数据，此时可以将其转换。例如：

```
string s = Console.ReadLine();
double d = double.Parse(s);
```

【例 1-2】下面举例讲解 Console 方法的使用，用户从控制台输入两个整数，程序对两个整数求和并显示结果。

```
using System;
using System.Collections.Generic;
using System.Linq;
using System.Text;
```

```
namespace ConsoleExample
{
    class Program
    {
        static void Main(string[] args)
        {
            string number1, number2;
            int num1, num2, sum;

            Console.Write("Input the first number:");
            number1 = Console.ReadLine();

            Console.Write("Input the second number:");
            number2 = Console.ReadLine();

            num1 = int.Parse(number1);
            num2 = int.Parse(number2);

            sum = num1 + num2;

            Console.WriteLine();
            Console.WriteLine("{0} + {1} = {2}",num1,num2,sum);
            Console.Read();
        }
    }
}
```

本例的运行结果如图 1-8 所示。

```
file:///D:/Backup/我的文档/Visual Studio 2008...
Input the first number:3
Input the second number:5

3 + 5 = 8
```

图 1-8 Console 方法示例运行结果

## 1.4 命名空间

命名空间用于组织相关的类和其它类型，提供一个逻辑上的层次结构，它允许所组织的类文件的物理存放位置与逻辑结构不一致。在 C#文件中定义类时，可以把它包括在某命名空间中，在定义另一个类时，可以将它定义在另外一个文件中的同名的命名空间中，这样就创建了一个逻辑组合。解决方案中的项目名称实际上就是一个命名空间，项目中的所有类都在这一命名空间中。

.NET 框架类库的内容组织成一个树状的命名空间，每一个命名空间可包含许多类型和其它命名空间。图 1-9 展示了.NET 框架类库中的一部分命名空间。

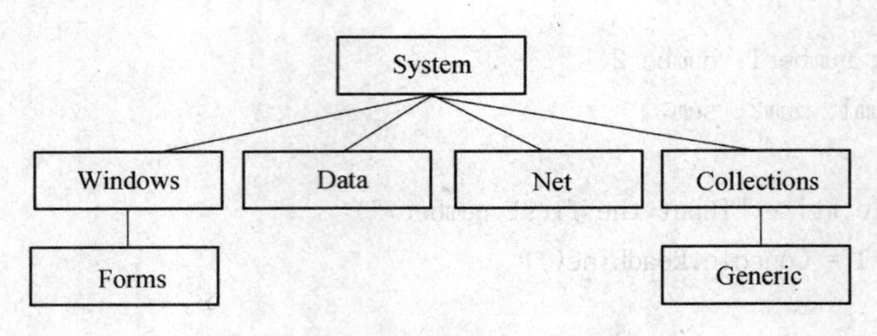


图 1-9　框架类库部分命名空间展示

System 是树状命名空间的根，它包含.NET 框架类库中其它所有命名空间。System.Windows.Forms 用于开发 Windows 应用程序，引用此命名空间才能使用 Windows 的控件和各种特性。System.Data 用于访问 ADO.NET。System.Net 用于网络协议编程。引用 System.Collections.Generic 可以使用泛型。

表 1-2 列举了常用的命名空间。

表 1-2　常用命名空间

| 命名空间 | 描述 |
| --- | --- |
| System | 包含基本的类和数据结构，可由 C#程序隐含地引用 |
| System.Windows.Forms | 包含用于创建图形用户接口（GUI）类 |
| System.Data | 包含 ADO.NET 中的类，用于数据库操作 |
| System.Net | 包含网络协议相关的类，用于网络编程 |
| System.Collections.Generic | 包含泛型相关的类 |
| System.Drawing | 包含用于绘画和图形的类 |
| System.IO | 包含数据输入和输出的类，如文件 |
| System.Xml | 包含用于处理 XML 数据的类 |
| System.Threading | 包含多线程的类 |

### 1.4.1　命名空间的声明

关键字 namespace 用于声明命名空间，namespace 后跟命名空间的名字和主体。

**【例 1-3】**

```
namespace MySchool
{
  public class Teacher
  {
```

```
    public void Teach()
    {}
  }
}

namespace MySchool
{
  public class Student
  {
    public void Study()
    {}
  }
}

namespace YourSchool
{
  public class Student
  {
    public void Play()
    {}
  }
}
```

这里使用 namespace 关键字声明了两个命名空间 MySchool 和 YourSchool，Teacher 类和第一个 Student 类同属于 MySchool 命名空间，第二个 Student 类和第一个 Student 类不在同一个命名空间，是不同的类，这两个类尽管名字相同，但是由于所处的命名空间不同，因而不会发生冲突。

使用关键字 namespace 还可以定义嵌套的命名空间，为类型创建层次结构。例如：

```
namaspace One
{
 namespace Two
 {
   namespace Three
   {
     class Example
     {}
     //…
   }
 }
}
```

### 1.4.2 命名空间的使用

要使用一个命名空间中的成员首先要引用该命名空间，这样在使用该命名空间中的内容时就不必再写该命名空间的名字了。引用命名空间的方法是使用关键字 using，例如 using System；及 using MySchool；引用某一命名空间后就意味着可以使用该命名空间中的成员。

使用命名空间中的类的方法是命名空间的名字后加上“.”，再加上要使用的类名或其它成员名。例如：MySchool.Student。每个命名空间的名称都由它所在的命名空间的名称组成，这些名称用句点分隔开来，首先是最外层的命名空间，最后是它的短名。例如，前面的例子中，Two 命名空间的全名是 One.Two，类 Example 的全名是 One.Two.Three.Example。

using 关键字的另一个用途是给类和命名空间指定别名。如果命名空间的名称非常长，又要在代码中使用多次，也不希望该命名空间的名称包含在 using 指令中，就可以给该命名空间指定一个别名。语法如下：using 别名 = 命名空间的名字;。例如：

```
using Bieming = One.Two.Three;
```

命名空间别名的修饰符是“::”，例如下面的代码对前面的命名空间 Qne.Two. Three 中 Example 类进行实例化：

```
Bieming :: Example example = new Bieming :: Example();
```

## 习 题 1

1. 简述.NET 框架体系结构的组成并画出框架结构图。
2. 简述 CLR 的主要用途。
3. 命名空间的主要用途是什么？有哪些主要的命名空间？
4. 请简述控制台类的主要方法。

# 第2章 数据类型、运算符与表达式

C#的基本数据类型、变量、常量、运算符、表达式等概念是 C#程序设计的基础，掌握C#基本知识是编写正确程序的前提。

## 2.1 数据类型

### 2.1.1 值类型

在具体讲解各种类型之前，先提一下变量的概念，后面将对变量做进一步的讨论。从用户角度来看，变量就是存储信息的基本单元；从系统角度来看，变量就是计算机内存中的一个存储空间。

所谓值类型(Value Type) 就是包含实际数据的变量。当定义一个值类型的变量时，C#会根据它所声明的类型，以堆栈方式分配一块大小相适应的存储区给这个变量，随后对这个变量的读/写操作就直接在这块内存区域进行。

C#中的值类型可以分为以下几种：

(1) 简单类型(Simple Types)。

(2) 结构类型(Struct Types)。

(3) 枚举类型(Enumeration Types)。

**1. 简单类型**

简单类型，是直接由一系列元素构成的数据类型。C#语言为我们提供了一组已经定义的简单类型。从计算机的表示角度来看，这些简单类型可以分为整数类型、布尔类型、字符类型和实数类型。

1) 整数类型

顾名思义，整数类型的变量的值为整数。数学上的整数可以从负无穷大到正无穷大，但是由于计算机的存储单元是有限的，所以计算机语言提供的整数类型的值总是在一定的范围之内。C#共有 9 种整数类型，它们的区别在于所占存储空间的大小、带不带符号及所能表示的数的范围，这些是程序设计时定义数据类型的重要参数。可以选择最恰当的一种数据类型来存放数据，避免浪费资源。表 2-1 对每种整数类型进行了总结。

表 2-1 C#常用数据类型及取值范围

| 类型 | 大小 | 范围 | BCL 名称 | 是否带符号？ |
|---|---|---|---|---|
| sbyte | 8 位 | −128～127 | System.SByte | 是 |
| byte | 8 位 | 0～255 | System.Byte | 否 |
| short | 16 位 | −32 768～32 767 | System.Int16 | 是 |
| ushort | 16 位 | 0～65 535 | System.UInt16 | 否 |

(续)

| 类型 | 大小 | 范围 | BCL 名称 | 是否带符号？ |
|---|---|---|---|---|
| int | 32 位 | −2 147 483 648～2 147 483 647 | System.Int32 | 是 |
| uint | 32 位 | 0～4 294 967 295 | System.UInt32 | 否 |
| long | 64 位 | −9 223 372 036 854 775 808～9 223 372 036 854 775 807 | System.Int64 | 是 |
| ulong | 64 位 | 0～18 446 744 073 709 551 615 | System.UInt64 | 否 |
| sbyte | 8 位 | −128～127 | System.SByte | 是 |

char 类型归属于整数类型，但它与整数有所不同，不支持从其它类型到 char 类型的隐式转换。即使 sbyte、byte、ushort 这些类型的值在 char 表示的范围之内，也不存在其隐式转换。

【例 2-1】

```
using System;
class Test
{
    public  static void Main(string[] args)
    {
        short x = 32766;
        x++;
        Console.WriteLine(x);
        x++;
        Console.WriteLine(x);
        Console.ReadKey();
    }
}
```

程序输出为：

32767

−32768

上面的例子说明对于short类型的整数x已经超出了系统定义的范围(从−32768到32767之间)。

2) 布尔类型

布尔类型是用来表示“真”和“假”这两个概念的。这虽然看起来很简单，但实际应用非常广泛。我们知道，计算机实际上是用二进制来表示各种数据的，即不管何种数据，在计算机的内部都是采用二进制处理和存储的。布尔类型表示布尔逻辑值，它与其它类型之间不存在标准转换，即不能用一个整数类型表示true或false，反之亦然，这点与C/C++不同。

bool x=1；//错误，不存在这种写法，只能写成x=true 或 x=false

3) 实数类型

(1) 浮点类型。

数学中的实数不仅包含整数，而且包含小数。小数在C#中采用两种数据类型来表示：单精度型(float)和双精度型(double)，它们的差别在于取值范围和精度不同，如表2-2所示。计算机对浮点数的运算速度大大低于对整数的运算，在对精度要求不是很高的浮点数计算中，可以采用float型，而采用double型获得的结果将更为精确。当然，如果在程序中大量地使用双精度型浮点数，将会占用更多的内存单元，而且计算机的处理任务也将更加繁重。

表 2-2　浮点型数据的取值范围

| 类型 | 大小 | 范围 | BCL 名称 | 有效数字 |
|---|---|---|---|---|
| float | 32 位 | $\pm1.5\times10^{45}\sim\pm3.4\times10^{38}$ | System.Single | 7 |
| double | 64 位 | $\pm5.0\times10^{324}\sim\pm1.7\times10^{308}$ | System.Double | 15～16 |

(2) 十进制类型。

C#还专门为用户定义了一种十进制类型(decimal)，主要用于方便用户在金融和货币方面的计算。在现代的企业应用中，不可避免地要进行大量的这方面的计算和处理，而目前采用的大部分程序设计语言都需要程序员自己定义货币类型等，这不能不说是一个遗憾。C#通过提供这种专门的数据类型，为用户弥补了这一遗憾，使用户能够更为快捷地设计这方面的应用程序。

十进制类型(表2-3)是一种高精度、128位数据类型，它适合大而精确的计算，尤其是金融计算。

表 2-3　十进制类型的取值范围

| 类型 | 大小 | 范围 | BCL 名称 | 有效数字 |
|---|---|---|---|---|
| decimal | 128 位 | $1.0\times10^{-28}\sim7.9\times10^{28}$ | System.Decimal | 28～29 |

与浮点数不同，decimal类型保证范围内的所有十进制数都是精确的。所以，对于decimal类型来说，0.1就是0.1，而不是一个近似值。不过，虽然decimal类型具有比浮点类型更高的精度，但它的范围较小。所以，从浮点类型转换为decimal类型可能发生溢出错误。此外，decimal的计算速度要稍微慢一些。

4) 字符类型

除了数字以外，计算机处理的信息主要就是字符了。字符包括数字字符、英文字符、表达符号等，C#提供的字符类型按照国际上公认的标准，采用 Unicode 字符集。一个 Unicode 的标准字符长度为 16 位，用它可以表示世界上多种语言。可以按以下方法给一个字符变量赋值，如：

```
char c='A';//定义一个字符变量 c
```

另外，我们还可以直接通过十六进制转义符(前缀\x)或 Unicode 表示法给字符型变量赋值(前缀\u)，如下面对字符型变量的赋值写法都是正确的：

```
char c='\x0032';
```

```
char c='\u0032';
```

注意：在 C 和 C++中，字符型变量的值是该变量所代表的 ASCII 码，字符型变量的值作为整数的一部分，可以对字符型变量使用整数进行赋值和运算，而这在 C#中是被禁止的。

与 C、C++中一样，在 C#中仍然存在着转义符，如表 2-4 所示，用来在程序中指代特殊的控制字符。

表 2-4 转义字符

| 转义序列 | 字符名称 | Unicode 编码 |
|---|---|---|
| \' | 单引号 | 0x0027 |
| \" | 双引号 | 0x0022 |
| \\ | 反斜杠 | 0x005C |
| \0 | Null | 0x0000 |
| \a | Alert (system beep) | 0x0007 |
| \b | 退格 | 0x0008 |
| \f | 换页(Form feed) | 0x000C |
| \n | 换行(Line feed 或者 newline) | 0x000A |
| \r | 回车 | 0x000D |
| \t | 水平制表符 | 0x0009 |
| \v | 垂直制表符 | 0x000B |
| \uxxxx | 十六进制 Unicode 字符 | \u0029 |
| \x[n][n][n]n | 十六进制 Unicode 字符(前三个占位符是可选的)，\uxxxx 的长度可变版本 | \x3A |

**2．结构和枚举**

把一系列相关的变量组织成为一个单一的实体的过程，称为生成结构的过程。这个单一的实体的类型就称为结构类型，每一个变量称为结构的成员。

枚举(enum)实际上是为一组逻辑上密不可分的整数值提供便于记忆的符号。

结构和枚举的定义和使用，将在后面的章节中详细介绍。

## 2.1.2 引用类型

C#中的另一大数据类型是引用类型。“引用”的含义是，该类型的变量不直接存储所包含的值，而是指向它所要存储的值。也就是说，引用类型存储实际数据的引用值的地址。C#中的引用类型主要有以下 3 种。

- 类(class)
- 委托(delegate)
- 数组

**1．类**

1) object 类

object 是所有其它类型的基类，C#中的所有类型都直接或间接地从 object 类中继承。因此，对一个 object 类型的变量可以赋予任何类型的值：

```
int x=25;
object obj1;
obj1=x;
object obj2='A';
```

对 object 类型的变量声明采用 object 关键字，这个关键字是在.NET 框架结构为我们提供的预定义的名字空间 System 中定义的，是类 System.Object 的别名。

2) string 类

C#还定义了一个基本的类 String，专门用于对字符串的操作。这个类也是在.Net 框架名字空间 System 中定义的，是类 System.String 的别名。

字符串在实际中应用非常广泛，在类的定义中封装了许多内部的操作，我们只要简单地加以利用就可以了。可以用“+”合并两个字符串，采用下标从字符串中获取字符，等等。

```
string String1 = "Welcome";
string String2 = "Welcome" + "everyone";
char c = String1[0];
bool b = (String1 == String2);
```

**2. 委托**

在 C 和 C++的程序员看来，指针既是最强有力的工具之一，同时又给他们带来了很多烦恼。因为指针指向的数据类型可能并不相同，比如可以把 int 类型的指针指向一个 float 类型的变量，而这时程序并不会报错。而且，如果你删除了一个不应该被删除的指针(比如 Windows 中指向主程序的指针)，程序就有可能崩溃。由此可见，滥用指针给程序的安全性埋下了隐患。

正因如此，在 C#语言中取消了指针这个概念。当然，对指针恋恋不舍的程序员仍然可以在 C#中使用指针。但必须声明这段程序是“非安全”(unsafe)的，而我们在这里介绍的是 C#的一个引用类型——委托(delegate)。委托提供了类似于 C++中函数指针的功能，简单地说，委托类型就是面向对象函数指针。不过，C++中的函数指针只能够指向静态的方法。而委托除了能够指向静态方法之外，还可以指向对象的实例方法，而最大的差异性在于，委托是完全地面向对象，且使用安全的类型；另外，委托允许程序设计时可以在执行时期传入方法的名称，动态地决定欲调用的方法。

委托声明定义了一种类型，它用一组特定的参数以及返回类型封装方法。对于静态方法，委托对象封装要调用的方法。对于实例方法，委托对象同时封装一个实例和该实例上的一个方法。如果用户有一个委托对象和一组适当的参数，则可以用这些参数调用该委托。

**【例2-2】**

```
using System;
delegate int MyDelegate();
  public class MyClass
  {
      public int InstanceMethod()
      {
          Console.WriteLine("Call the instance method.");
          return 0;
      }
      public static int StaticMethod()
      {
          Console.WriteLine("Call the static method.");
          return 0;
```

```
    }
    static void Main(string[] args)
    {
        MyClass p = new MyClass();
        //将委托指向非静态的方法InstanceMethod
        MyDelegate d = new MyDelegate(p.InstanceMethod);
        //调用非静态方法
        d();
        //将委托指向静态的方法StaticMethod
        d = new MyDelegate(MyClass.StaticMethod);
        //调用静态方法
        d();
        Console.ReadKey();
    }
}
```

程序的输出结果如图2-1所示。

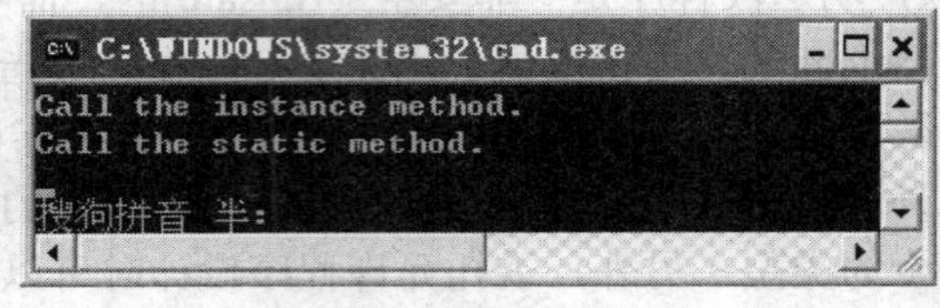


图 2-1　运行结果

### 3. 数组

数组是一组类型相同的有序数据。在程序设计中，为了处理方便，数组按照数组名、数据元素的类型和维数来进行描述。C#中提供System.Array类是所有数组类型的基类。

数组的声明格式：

数组元素类型[维数]　数组名;

比如我们声明一个整数数组：

int[10] a; //说明整型数组a，有10个元素。

在定义数组的时候，可以预先指定数组元素的个数，它的个数可以通过数组名加圆点加"Length"获得，如 a.length.而在使用数组的时候，可以在[ ]中加入下标取得相应的数组元素。C#中的数组元素的下标是从 0 开始的，也就是说，第一个元素对应的下标为 0，以后逐个增加。

在 C#中，数组可以是一维的也可以是多维的，同样也支持矩阵和参差不齐的数组。

**【例 2-3】**

```
using System;
public class Test
  {
    static void Main(string[] args)
```

```
    {
        int[] array = new int[5];
        for (int i = 0; i < array.Length; i++)
            array[i] = i * 2;
        for (int i = 0; i < array.Length; i++)
            Console.WriteLine("array[{0}]={1}",i,array[i]);
            Console.ReadKey();
    }
  }
```

这个程序创建了一个基类型为 int 的一维数组，初始化后逐项输出。其中 array.Length 表示数组中元素的个数。程序的输出如图 2-2 所示。

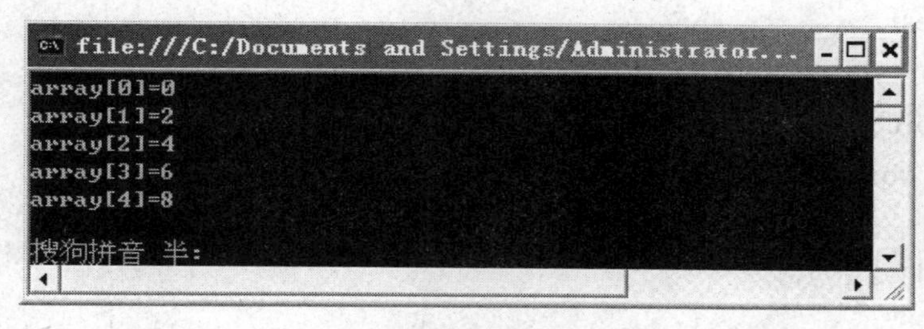


图 2-2　运行结果

【例 2-4】

```
public class Test
  {
     static void Main(string[] args)
     {
         int[] s1;  //一维整型数组
         int[,] s2;  //二维
         int[, ,] s3;  //三维
         int[][] s4;  //可变数组
         int[][][][] s5;  //多维可变数组
     }
  }
```

在数组声明的时候可以对数组元素进行赋值(初始化)，也可以在使用的时候进行动态赋值。看下面的例子。

【例 2-5】

```
public class Test
  {
     static void Main(string[] args)
     {
         int[] s1=new int[]{1,2,3};
```

```
            int[,] s2=new int[,]{{1,2,3},{4,5,6}};
            int[, ,] s3=new int[10,20,30];
            int[][] s4=new int[3][];
            s4[0] = new int[] { 1,2,3};
            s4[1]= new int[] { 1,2,3,4,5,6};
            s4[2]= new int[] { 1,2,3,4,5,6,7,8,9};

        }
    }
```

从上面的例子中我们可以看出数组初始化可以用几种不同的类型，因为它要求在一个初始化时确定其类型，比如下面的写法是错误的：

```
public class Test
  {
      static void F(int[] args){ }
        static void Main(string[] arr)
        {
            F({1,2,3});
        }
  }
```

因为数组初始化时{1,2,3}并不是一个有效的表达式，我们必须要明确数组类型：

```
public class Test
{
      static void F(int[] args){ }
        static void Main(string[] arr)
        {
            F(new int[]{1,2,3});
        }
  }
```

### 2.1.3 类型转换

在C#语言中，一些预定义的数据类型之间存在着预定义的转换。比如，从int类型转换到long类型。C#语言中数据类型的转换可以分为两类：隐式转换(Implicit Conversions)和显式转换(Explicit Conversions)。

**1. 隐式类型转换**

隐式类型转换是系统默认的，不需要加以声明就可以进行。在隐式转换过程中，编译器无需对转换进行详细检查就能够安全地执行转换。比如，从int类型转换到long类型就是一种隐式转换。隐式转换一般不会失败，转换过程中也不会导致信息丢失。比如：

```
int i=10;
long l=i;
```

常见的隐式类型转换包括：隐式数值转换；隐式枚举转换；隐式引用转换。

隐式转换发生的场合不确定，包括函数成员调用、表达式计算和分配等。

1) 隐式数值转换

隐式数值转换包括以下几种：

(1) 从 sbyte 类型到 short,int,long,float,double 或 decimal 类型。

(2) 从 byte 类型到 short,ushort,int,uint,long,ulong,float,double 或 decimal 类型。

(3) 从 short 类型到 int,long,float,double,或 decimal 类型。

(4) 从 ushort 类型到 int,uint,long,ulong,float,double 或 decimal 类型。

(5) 从 int 类型到 long,float,double 或 decimal 类型。

(6) 从 uint 类型到 long,ulong,float,double 或 decimal 类型。

(7) 从 long 类型到 float,double 或 decimal 类型。

(8) 从 ulong 类型到 float,double 或 decimal 类型。

(9) 从 char 类型到 ushort,int,uint,long,ulong,float,double 或 decimal 类型。

(10) 从 float 类型到 double 类型。

其中，从 int,uint 或 long 到 float 以及从 long 到 double 的转换可能会导致精度下降，但绝不会引起数量上的丢失。其它的隐式数值转换则不会有任何信息丢失。

结合在数据类型中学习到的值类型的范围可以发现，隐式数值转换实际上就是从低精度的数值类型到高精度的数值类型的转换。

从上面的 10 条可以看出，不存在到 char 类型的隐式转换，这意味着其它整型值不能自动转换为 char 类型。这一点需要特别注意。

**【例 2-6】**

```
using System;
class Test
{
    static void Main(string[] args)
    {
        byte x = 16;
        Console.WriteLine("x={0}", x);
        ushort y = x;
        Console.WriteLine("y={0}", y);
        y = 65535;
        Console.WriteLine("y={0}", y);
        float z = y;
        Console.WriteLine("z={0}", z);
        Console.ReadKey();
    }
}
```

程序的输出结果如图 2-3 所示。

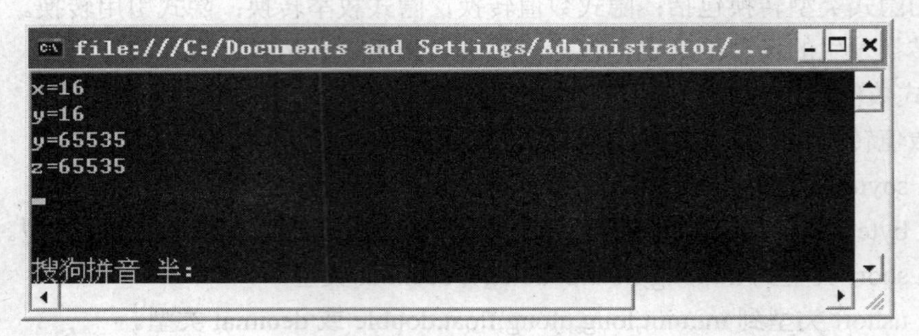


图 2-3　运行结果

如果在上面程序中的语句之后再加上一句：

y=y+1;

再重新编译程序时，编译器将会给出一条错误信息，如图 2-4 所示。

图 2-4　运行错误结果

这说明，从整数类型 65536 到无符号短整型 y 不存在隐式转换。

2) 隐式枚举转换

隐式枚举转换允许把十进制整数 0 转换成任何枚举类型，对应其它的整数则不存在这种隐式转换。

【例 2-7】

```
using System;
enum Weekday
{
    Sunday, Monday, Tuesday, Wednesday, Thursday, Friday, Saturday
};
class Test
{
    public static void Main()
    {
        Weekday day;
        day = 0;
        Console.WriteLine(day);
        Console.ReadKey();
    }
}
```

程序的输出结果如图 2-5 所示。

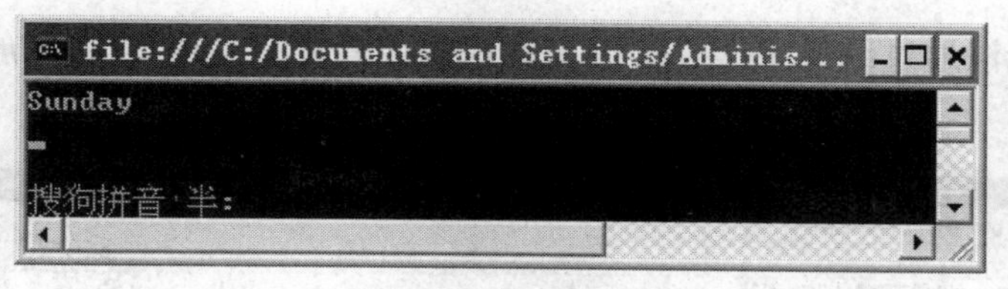


图 2-5　运行结果

但是如果把语句 day=0 改写为 day=1，编译器就会给出错误，如图 2-6 所示。

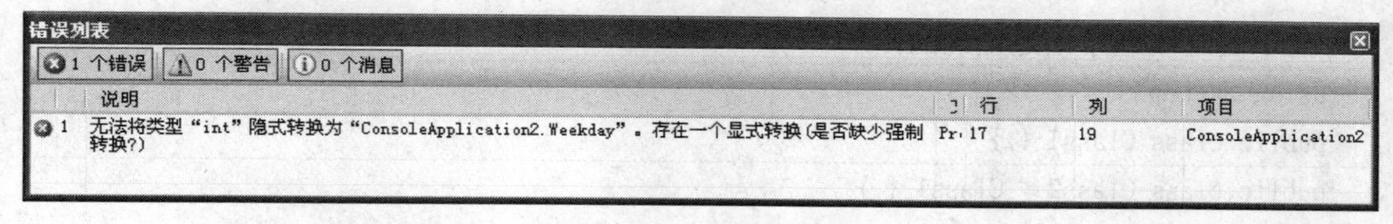


图 2-6　运行错误列表

3) 隐式引用转换

隐式引用转换包括以下几类：

(1) 从任何引用类型到对象类型的转换。

(2) 从类类型 S 到类类型 T 的转换，其中 S 是 T 的派生类。

(3) 从类类型 S 到接口类型 T 的转换，其中类 S 实现了接口 T。

(4) 从接口类型 S 到接口类型 T 的转换，其中 T 是 S 的父接口。

从元素类型为 Ts 的数组类型 S 向元素类型为 Tt 的数组类型 T 转换，这种转换需要满足下列条件：

(1) S 和 T 只有元素的数据类型不同，但它们的维数相同。

(2) Ts 和 Tt 都是引用类型。

(3) 存在从 Ts 到 Tt 的隐式引用转换。

(4) 从任何数组类型到 System.Array 的转换。

(5) 从任何代表类型到 System.Delegate 的转换。

(6) 从任何数据类型或代表类型到 System.ICLoneable 的转换。

(7) 从空类型(null)到任何引用类型的转换。

**【例 2-8】**

```
using System;
class Test
{
    public static void Main()
    {
        float[] float_arr = new float[10];
         int[] int_arr = new int[10];
         float_arr = int_arr;
         Console.ReadKey();
    }
}
```

上面的程序无法通过编译(图 2-7)，因为数组的元素类型是值类型，C#中不存在这样的隐式转换。

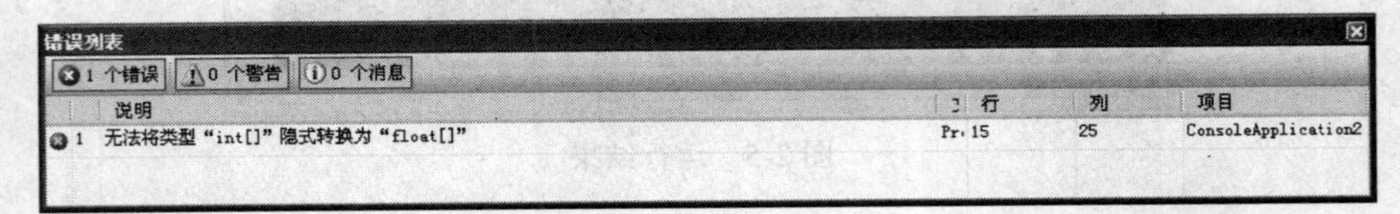


图 2-7 运行错误列表

而下面这段程序则是正确的：

```
using System;
public class Class1 { }
public class Class2 : Class1 { }
class Test
{
    public static void Main()
    {
        Class1[] class1_arr = new Class1[10];
        Class2[] class2_arr = new Class2[10];
        class1_arr = class2_arr;
        Console.ReadKey();
    }
}
```

下面的例子给出了我们常用的值类型在系统环境中的原型定义。

**【例2-9】**

```
using System;
class Test
{
    public static void Main()
    {
        float[] float_arr = new float[10];
        double[] double_arr = new double[10];
        sbyte[] sbyte_arr = new sbyte[10];
        byte[] byte_arr = new byte[10];
        ushort[] ushort_arr = new ushort[10];
        int[] int_arr = new int[10];
        long[] long_arr = new long[10];
        string[] string_arr = new string[10];
        Console.WriteLine(float_arr);
        Console.WriteLine(double_arr);
        Console.WriteLine(sbyte_arr);
        Console.WriteLine(byte_arr);
```

```
            Console.WriteLine(ushort_arr);
            Console.WriteLine(int_arr);
            Console.WriteLine(long_arr);
            Console.WriteLine(string_arr);
            Console.ReadKey();
        }
    }
```

程序运行结果如图 2-8 所示。

```
file:///C:/Documents and Settings/Administrator/桌面/ConsoleAppl...
System.Single[]
System.Double[]
System.SByte[]
System.Byte[]
System.UInt16[]
System.Int32[]
System.Int64[]
System.String[]
搜狗拼音 半:
```

图 2-8 运行结果

### 2. 显式类型转换

显式类型转换，又称强制类型转换。与隐式转换正好相反，显式转换需要用户明确地指定转换的类型。比如下面的例子把一个 long 类型显式转换为 int 类型：

```
long l=1234;
int i=(int)l;
```

常见的显式类型转换包括：

- 显式数值转换。
- 显式枚举转换。
- 显式引用转换。

显式转换可以发生在表达式的计算过程中。它并不是总能成功，而且常常可能引起信息丢失。

显式转换包括所有的隐式转换，也就是说把任何系统允许的隐式转换写成显式转换的形式都是允许的，如：

```
int i=10;
long l=(long)i;
```

1) 显式数值转换

显式数值转换是指当不存在相应的隐式转换时，从一种数字类型到另一种数字类型的转换。包括：

(1) 从 sbyte 到 byte,ushort,uint,ulong 或 char。

(2) 从 byte 到 sbyte 或 char。

(3) 从 short 到 sbyte,byte,ushort,uint,ulong 或 char。

(4) 从 ushort 到 sbyte,byte,short 或 char。

(5) 从 int 到 sbyte,byte,short,ushort,uint,ulong 或 char。

(6) 从 uint 到 sbyte,byte,short,ushort,int 或 char。

(7) 从 long 到 sbyte,byte,short,ushort,int,uint,ulong 或 char。

(8) 从 ulong 到 sbyte,byte,short,ushort,int,uint,long 或 char。

(9) 从 char 到 sbyte,byte 或 short。

(10) 从 float 到 sbyte,byte,short,ushort,int,uint,long,ulong,char 或 decimal。

(11) 从 double 到 sbyte,byte,short,ushort,int,uint,long,ulong,char,float 或 decimal。

(12) 从 decimal 到 sbyte,byte,short,ushort,int,uint,long,ulong,char,float 或 double。

这种类型转换有可能丢失信息或导致异常抛出，转换按照下列规则进行：

(1) 对于从一种整型到另一种整型的转换，编译器将针对转换进行溢出检测，如果没有发生溢出，转换成功，否则抛出一个 OverflowException 异常。

(2) 对于从 float,double 或 decimal 到整型的转换，源变量的值通过舍入到最接近的整型值作为转换的结果。如果这个整型值超出了目标类型的值域，则将抛出一个 OverflowException 异常。

(3) 对于从 double 到 float 的转换，double 值通过舍入取最接近的 float 值。如果这个值太小，结果将变成正 0 或负 0；如果这个值太大，将变成正无穷或负无穷。

(4) 对于从 float 或 double 到 decimal 的转换，源值将转换成小数形式并通过舍入取到小数点后 28 位(如果有必要的话)。如果源值太小，则结果为 0；如果太大以致不能用小数表示，则将抛出 InvalidCastException 异常。

(5) 对于从 decimal 到 float 或 double 的转换，小数的值通过舍入取最接近的值。这种转换可能会丢失精度，但不会引起异常。

**【例2-10】**

```
using System;
class Test
{
    public static void Main()
    {
        long longValue = Int64.MaxValue;
        int intValue = (int)longValue;
        Console.WriteLine("(int){0}={1}", longValue, intValue);
        Console.ReadKey();
    }
}
```

这个例子把一个 int 类型转换成为 long 类型，输出结果如图 2-9 所示。

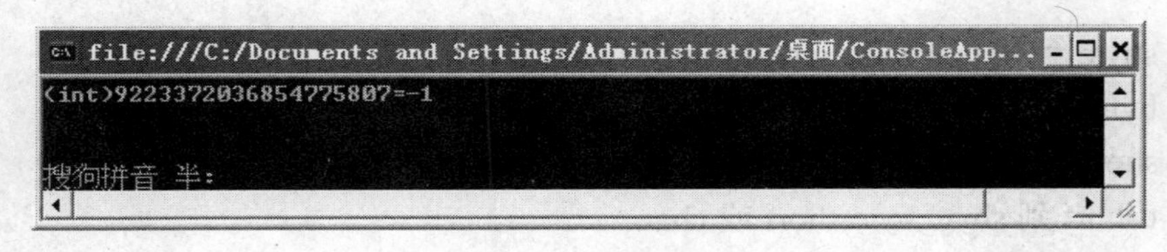


图 2-9 运行结果

这是因为发生了溢出，从而在显式类型转换时导致了信息丢失。

2) 显式枚举转换

显式枚举转换包括以下内容：

(1) 从 sbye,byte,short,ushort,int,uint,long,ulong,char,float,double 或 decimal 到任何枚举类型。

(2) 从任何枚举类型到 sbyte,byte,short,ushort,int,uint,long,ulong,char,float,double 或 decimal。

(3) 从任何枚举类型到任何其它枚举类型。

显式枚举转换是这样进行的：它实际上是枚举类型的元素类型与相应类型之间的隐式或显式转换。比如，有一个元素类型为 int 的枚举类型 E，则当执行从 E 到 byte 的显式枚举转换时，实际上做的是从 int 到 byte 的显式数字转换；当执行从 byte 到 E 的显式枚举转换时，实际上是执行 byte 到 int 的隐式数字转换。

**【例 2-11】**

```
using System;
enum Weekday
{
    Sunday, Monday, Tuesday, Wednesday, Thursday, Friday, Saturday
};
class Test
{
    public static void Main()
    {
        Weekday day;
        day = (Weekday)3;
        Console.WriteLine(day);
        Console.ReadKey();
    }
}
```

输出结果如图 2-10 所示。

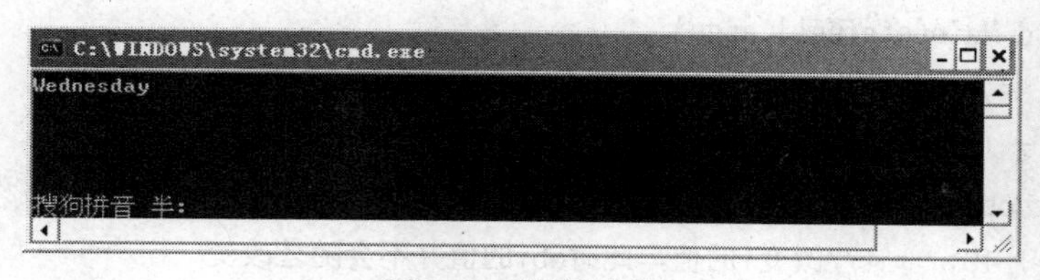


图 2-10　运行结果

3) 显式引用转换

显式引用转换包括：

(1) 从对象到任何引用类型。

(2) 从类类型 S 到类类型 T，其中 S 是 T 的基类。

(3) 从基类型 S 到接口类型 T，其中 S 不是密封类，而且没有实现 T。

(4) 从接口类型 S 到类类型 T，其中 T 不是密封类，而且没有实现 S。

(5) 从接口类型 S 到接口类型 T，其中 S 不是 T 的子接口。

从元素类型为 Ts 的数组类型 S 到元素类型为 Tt 的数组类型 T 的转换，这种转换需要满足下列条件：

(1) S 和 T 只有元素的数据类型不同，而维数相同。

(2) Ts 和 Tt 都是引用类型。

(3) 存在从 Ts 到 Tt 的显式引用转换。

(4) 从 System.Array 到数组类型。

(5) 从 System.Delegate 到代表类型。

(6) 从 System.ICloneable 到数组类型或代表类型。

显式引用转换发生在引用类型之间，需要在运行时检测以确保正确。

为了确保显式引用转换的正常执行，要求源变量的值必须是 null 或者它所引用的对象的类型可以被隐式引用转换为目标类型。否则显式引用转换失败，将抛出一个 InvalidCastException 异常。

不论隐式还是显式引用转换，虽然可能会改变引用值的类型，却不会改变值本身。

### 2.1.4 装箱和拆箱

前面讲解了有关 C#语言中的值类型和引用类型。这一节来了解一下 C#语言类型系统提出的一个核心概念：装箱(Box)和拆箱(UnBox)。装箱和拆箱机制使得在 C#类型系统中，任何值类型、引用类型和 object(对象)类型之间进行转换，称这种转化为绑定连接。简单地说，有了装箱和拆箱的概念，对任何类型的值来说最终都可看作是 object 类型。

**1. 装箱**

装箱就是将值类型隐式地转换成引用类型，或者把这个值类型转换成一个被该值类型应用的接口类型(interface-type)的过程。把一个值类型的值装箱，也就是创建一个 object 实例并将这个值赋值给这个 object。

**【例 2-12】**

```
using System;
class Test
{
    static void Main(string[] args)
    {
        int i = 10;
        object obj = i; //装箱操作
        i = i + 10;     //改变i的值，此时obj的值并不会随之改变
        Console.WriteLine("i={0}",i);          //i=20
        Console.WriteLine("obj={0}",obj1);  //obj=10
        Console.ReadKey();
    }
}
```

该实例的装箱操作说明如图 2-11 所示。

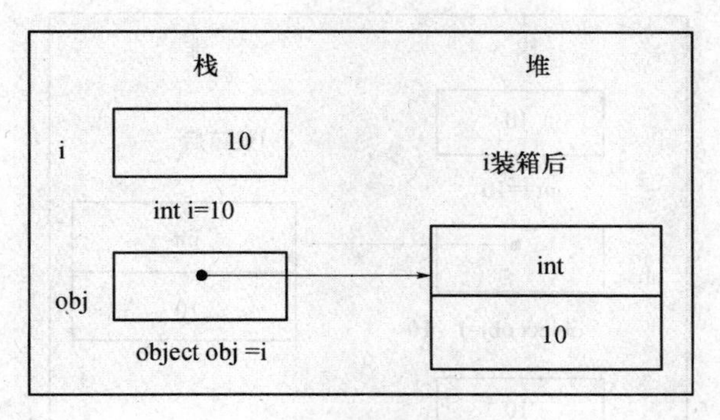

图 2-11　装箱操作

装箱操作步骤如下：

(1) 该值类型创建了一个新实例，并且分配在堆中。

(2) 这个堆中的实例根据栈中实例的状态进行初始化。在这个例子中整数进行了一次 4 字节的复制。也可以说初始的对象实例被克隆了一份。

(3) 用指向新创建的实例的引用取代了原先在栈中分配的实例。

2．拆箱

拆箱操作与装箱操作相反，它是将一个 object 类型显式转换为一个值类型，或者是将一个接口类型显式地转换成一个执行该接口的值类型的过程。

拆箱的过程分为两步：首先检查对象实例，看它是否为给定值类型的装箱值；然后，把实例值复制给值类型的变量。

【例 2-13】

```
using System;
class Test
{
    static void Main(string[] args)
    {
        int i = 10, j;
        object obj = i;  //装箱操作
        i = i + 10;      //改变i的值，此时obj1的值并不会随之改变
        j = (int)obj;  //拆箱操作，必须进行强制类型转换
        Console.WriteLine("i={0}",x);          //x=20
        Console.WriteLine("obj1={0}",obj);  //obj=10
        Console.ReadKey();
    }
}
```

拆箱操作说明如图 2-12 所示。

当一个“装箱”操作把值类型转换成为一个引用时，不需要显式地强制类型转换；而“拆箱”操作把引用类型转换到值类型时，由于它可以强制转换到任何可以相容的值类型，所以必须显式地强制类型转换。

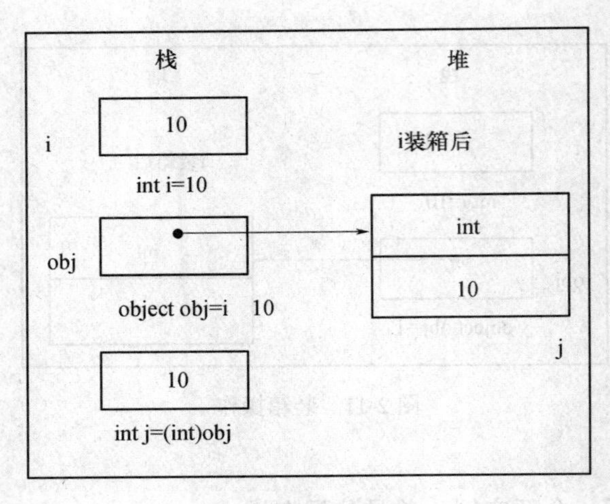


图 2-12　拆箱操作

## 2.2 常量与变量

无论使用何种程序设计语言编写程序，变量和常量都是构成一个程序的基本要素，可以从它的定义、命名、类型、初始化等几个方面来认识和理解变量和常量。

### 2.2.1 常量

常量(constant)，即在程序运行期间，此量的数值始终是不变的。它们可以是不随时间变化的某些量和信息，也可以是表示某一数值的字符或字符串，常被用来标识、测量和比较。它通常可以分为文字常量和符号常量。常量及其使用非常直观，以能读懂的固定格式表示固定的数值，每一种值类型都有自己的常量表示形式。

**1．整数常量**

对于一个整数值，默认的类型就是能保存它的最小整数类型，其类型可以分为 int、uint、long 和 ulong。如果默认类型不是想要的类型，可以在常量后面加后缀(U 或 L)来明确指定类型。

在常量后面加 l 或 L(不区分大小写)表示长整型(long)，例如：

```
32    //这是一个 int 类型
32L   //这是一个 long 类型
```

在常量后面加 u 或 U(不区分大小写)表示无符号整数(unsigned)。例如：

```
1234U   //这是一个 uint 类型
987UL   //这是一个 ulong 类型
```

整数常量既可以采用十进制也可以采用十六进制，不加特别说明默认为十进制，在数值前面加 0x(或 0X)则表示十六进制数，十六进制基数用 0~9、A~F(或 a~f)，例如：

```
0x20   //十六进制数 20，相当于十进制数 32
0x1F   //十六进制数 1F ，相当于十进制数 31
```

**2．浮点常量**

一般带小数点的数或用科学计数法表示的数都被认为是浮点数，它的数据类型默认为 double 类型，但也可以加后缀符表明三种不同的浮点格式数。

在数字后面加 F(或 f)表示 float 类型。

在数字后面加 D(或 d)表示 double 类型。

在数字后面加 M(或 m)表示 decimal 类型。

例如：

3.14,3.14e2，0.168E-2　　//这些都是 double 类型常量，其中 3.14e2 相当于 $3.14\times10^{2}$,0.168E-2 当于 $0.168\times10^{-2}$,

3.14F,0.168f　　//这些都是 float 类型常量

3.14D,0.168d　　//这些都是 double 类型常量

3.14M,0.168m　　//这些都是 decimal 类型常量

**3．字符常量**

字符常量是用单引号(')括起来的一个字符。如'A'、'x'、'D'、'?'、'3'、'X'等都是字符常量。它占 16 位，以无符号整型数的形式存储这个字符所对应的 Unicode 代码。这对于大多数图形字符是可行的，但对一些非图形的控制字符(如回车)则行不通，所以字符常量的表达式有若干形式。

(1) 单引号括起的一个字符，如'A'。

(2) 十六进制的换码系列，以"\x"或"\X"开始，后跟 4 位十六进制数，如"\X0041"。

(3) Unicode 码表示形式，以"\u"或"\U"开始，后跟 4 位十六进制数，如"\U0041"。

(4) 显式转换整数字符代码，如(char)65。

(5) 字符转义系列。

转义字符是一种特殊的字符常量。转义字符以反斜线"\"开头，后跟一个或几个字符。转义字符具有特定的含义，不同于字符原有的意义，故称“转义”字符。转义字符主要用来表示那些用一般字符不便于表示的控制代码，如表 2-5 所示。

表 2-5　转义字符

| 转义字符 | 含义 | Unicode 码 | 转义字符 | 含义 | Unicode 码 |
|---|---|---|---|---|---|
| \' | 单引号 | \u0027 | \n | 换行 | \u000A |
| \" | 双引号 | \u0022 | \f | 走纸换页 | \u000C |
| \\ | 反斜线字符 | \u005C | \b | 退格 | \u0008 |
| \0 | 空字符 | \u0000 | \r | 回车 | \u000D |
| \a | 警铃符 | \u0007 | \t | 水平制表符 | \u0009 |
| \v | 垂直制表符 | \u000B | | | |

**4．字符串常量**

字符串常量是由一对双引号括起的零个或多个字符序列。C#支持两种形式的字符串常量：一种是常规字符串，另一种是逐字字符串。

1) 常规字符串

双引号括起的一串字符，可以包括转义字符。

例如：

"Hello，China\n"

"C：\\windows\\Microsoft”，　　//表示字符串 C：\windows\Microsoft

2) 逐字字符串

逐字字符串常量的首字符为@，后面是加引号的字符串。加引号的字符串的内容被毫无更改地接受，它们能跨两行或多行。因此，可以加入新行、制表符等，但不需要使用转义序列。唯一例外的是要获得双引号“"”时，必须在同一行中使用两个双引号“""”。

例如：

```
@" C: \windows\Microsoft"    //与"C: \\windows\\Microsoft"含义相同
@"He said ""Hello"" to me"   //与"He said\"Hello\" to me"含义相同
```

**5．布尔常量**

它只有两个值：true 和 false。

**6．符号常量**

在声明语句中，可以声明一个标识符常量，但必须在定义标识符时就进行初始化，并且定义之后就不能再改变该常量的值。具体格式为：

```
const 类型 标识符=初值
```

例如：

```
const double PI=3.14159
```

## 2.2.2 变量

变量是指在程序的运行过程中随时可以发生变化的量。

变量是程序中数据的临时存放场所。在代码中可以只使用一个变量，也可以使用多个变量，变量中可以存放单词、数值、日期以及属性。由于变量让用户能够把程序中准备使用的每一段数据都赋给一个简短、易于记忆的名字，因此它们十分有用。变量可以保存程序运行时用户输入的数据(如使用 InputBox 函数在屏幕上显示一个对话框，然后把用户键入的文本保存到变量中)、特定运算的结果以及要在窗体上显示的一段数据等。简而言之，变量是用于跟踪几乎所有类型信息的简单工具。变量存储区结构如图 2-13 所示。

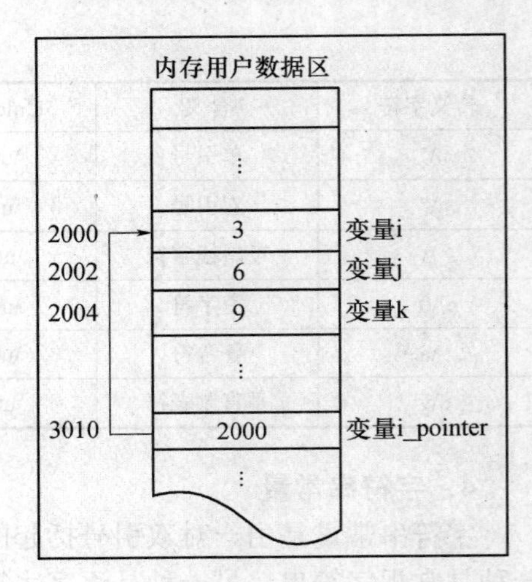

图 2-13　变量存储区

**1．变量命名**

在使用变量之前，必须声明其名称和类型。为变量起名时要遵守 C#语言的规定：

(1) 多数变量名采用所谓的 Camel 命名法，首字母小写，后续的每个词首字母大写，而其它字母则小写。

(2) 变量名必须以字母开头。

(3) 变量名只能由字母、数字和下划线组成，而不能包含空格、标点符号、运算符等其它符号。

(4) 变量名不能与 C#中的关键字名称相同。

(5) 变量名不能与 C#中的库函数名称相同。

但是在 C#中有一点是例外，就是允许在变量名前加上前缀“@”。在这种情况下，就可以使用前缀“@”加上关键字作为变量的名称。这主要是为了与其它语言进行交互时避免冲突。因为前缀“@”实际上并不是名称的一部分，其它编程语言就会把它作为一个普通的变量名。在其它情况下，我们不推荐使用前缀“@”作为变量名的一部分。

```
int i;      //合法
float y1=0.0,y2=1.0,y3=;     //合法
int No.1;     //不合法,含有非法字符
string total;     //合法
string @char;     //合法
char use;     /不合法，与关键字名称相同
float Main; //不合法，与函数名称相同
```

尽管符合了上述要求的变量名可以使用，但我们还是希望在给变量取名的时候，应给出具有描述性质的名称，这样写出来的程序便于理解。比如一个学生姓名的字符串的名字就可以是 StudentName，而 a12s 就不是一个好的变量名。

**2. 变量初始化**

在 C#中，变量被声明时并不同时被自动赋予初始值，在访问变量值前，必须明确地为其赋值。在下面的代码片段中，声明了两个整型变量 foo 和 bar。代码给变量 foo 赋了值，但没有给变量 bar 赋值，然后尝试把两个变量相加。

```
int foo;
int bar;
foo = 3; // 初始化 foo，但没有初始化 bar
foo = foo + bar; // 本行不能被编译
```

如果试图编译上例，将会得到针对最后一行的编译错误信息，如图 2-14 所示。

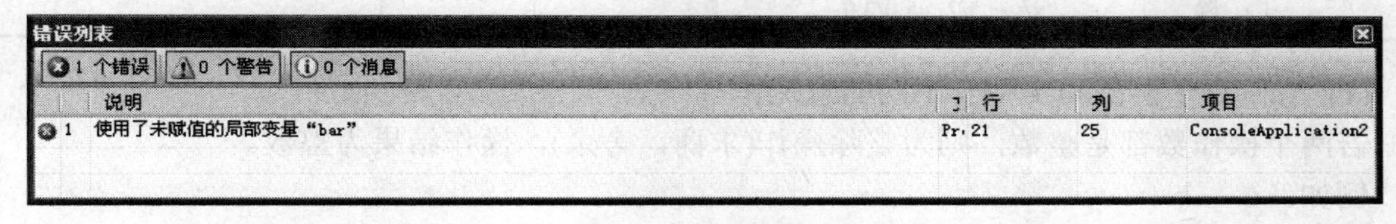


图 2-14　错误列表

编译器的意思是，变量 bar 已被声明，不过未被赋值。改正错误的方法是在执行相加操作前，明确地给 bar 赋值：

```
int foo;
int bar;
foo = 3;
bar = 7; // 明确地初始化两个变量
foo = foo + bar; // 这一行能被正确编译
```

## 2.3　运算符和表达式

表达式是由操作数和运算符构成的。操作数可以是变量、常量、属性等；运算符指示对操作数进行什么样的运算。因此，也可以说表达式就是利用运算符来执行某些计算并产生计算结果的语句。

C#提供大量的运算符，按需要操作数的数目来分，有一元运算符(如++)、二元运算符(如+、*)、三元运算符(如？：)。按运算功能来分，基本的运算符可以分为以下几类：

- 算术运算符
- 关系运算符
- 逻辑运算符
- 位运算符
- 赋值运算符
- 条件运算符
- 其它(分量运算符“.”，下标运算符“[]”等)

### 2.3.1 运算符

#### 1. 算术运算符

算术运算符作用的操作数类型可以是整型也可以是浮点型，运算符如表 2-6 所示。

表 2-6 算术运算符

| 运算符 | 含义 | 示例(假设 x，y 是某一数值类型的变量) | 运算符 | 含义 | 示例(假设 x，y 是某一数值类型的变量) |
|---|---|---|---|---|---|
| + | 加 | x+y；x+3； | % | 取模 | x%y；7%3；11.0%3； |
| - | 减 | x-y；x-1； | ++ | 递增 | x++；++x； |
| * | 乘 | X*y；4*3； | -- | 递减 | x--；--x； |
| / | 除 | x/y；5/2；5.0/2.0； | | | |

(1) “/”对于整型和实型有不同的意义。

若两个操作数都是整数，则为整除操作(求商，舍余)，操作结果为整数。

例如：

10/3=3

只要两个操作数中有一个为实数，则操作结果为实数。

例如：

10.0/3=3.3333

(2) “%”只用于整数的求余操作(求余，舍商)。

例如：

10%3=1

11.0%3　　//这与 C/C++不同，它也可以作用于浮点类型的操作数

(3) ++和--(递增和递减运算符)是一元运算符，它作用的操作数必须是变量，不能使用常量或表达式。它既可以出现在操作数之前(前缀运算)，也可以出现在操作数之后(后缀运算)，前缀和后缀有共同之处，也有很大区别。

例如：

++x　　//先将 x 加一个单位，然后再将计算结果作为表达式的值

x++　　//先将 x 的值作为表达式的值，然后再将 x 加一个单位

不管是前缀还是后缀，它们操作的结果对操作数而言，都是一样，操作数都加上了一个单位，但它们出现在表达式运算中是有区别的。

【例 2-14】

```
int x，y;
x=5; y=++x;         //x 和 y 的值都是 6
x=5; y=x++;         //x 的值是 6，y 的值是 5
```

### 2．关系运算符

关系运算符用来比较两个操作数的值，运算结果为布尔类型的值(true 或 false)，如表 2-7 所示。

表 2-7　关系运算符

| 运算符 | 操作 | 结果(假设 x，y 是某相应类型的操作数) |
|---|---|---|
| > | x>y | 如果 x 大于 y，则为 true，否则为 false |
| >= | x>=y | 如果 x 大于等于 y，则为 true，否则为 false |
| < | x<y | 如果 x 小于 y，则为 true，否则为 false |
| <= | x<=y | 如果 x 小于等于 y，则为 true，否则为 false |
| == | x==y | 如果 x 等于 y，则为 true，否则为 false |
| != | x!=y | 如果 x 不等于 y，则为 true，否则为 false |

### 3．逻辑运算符

逻辑运算符是根据表达式的值来返回真值或是假值。其实在 C#语言中没有所谓的真值和假值，只是认为非 0 为真值，0 为假值。如表 2-8 所示。

表 2-8　逻辑运算符

<table>
<tr><th>运算符</th><th>含义</th><th>运算符</th><th>含义</th></tr>
<tr><td>&</td><td>逻辑与</td><td>&&</td><td>短路与</td></tr>
<tr><td>|</td><td>逻辑或</td><td>||</td><td>短路或</td></tr>
<tr><td>^</td><td>逻辑异或</td><td>!</td><td>逻辑非</td></tr>
</table>

假设 p、q 是两个布尔类型的操作数，表 2-9 给出了逻辑运算的真值表。

表 2-9　逻辑运算真值表

<table>
<tr><th>p</th><th>q</th><th>p&q</th><th>p|q</th><th>p^q</th><th>!p</th></tr>
<tr><td>true</td><td>true</td><td>true</td><td>true</td><td>false</td><td>false</td></tr>
<tr><td>true</td><td>false</td><td>false</td><td>true</td><td>true</td><td>false</td></tr>
<tr><td>false</td><td>true</td><td>false</td><td>true</td><td>true</td><td>true</td></tr>
<tr><td>false</td><td>false</td><td>false</td><td>false</td><td>false</td><td>true</td></tr>
</table>

运算符“&&”和“||”的操作结果与“&”和“|”一样，但它们的短路特征使代码的效率更高。所谓短路就是在逻辑运算的过程中，如果计算第一个操作数时就能得知运算结果，就不会再计算第二个操作数，如图 2-15 所示。

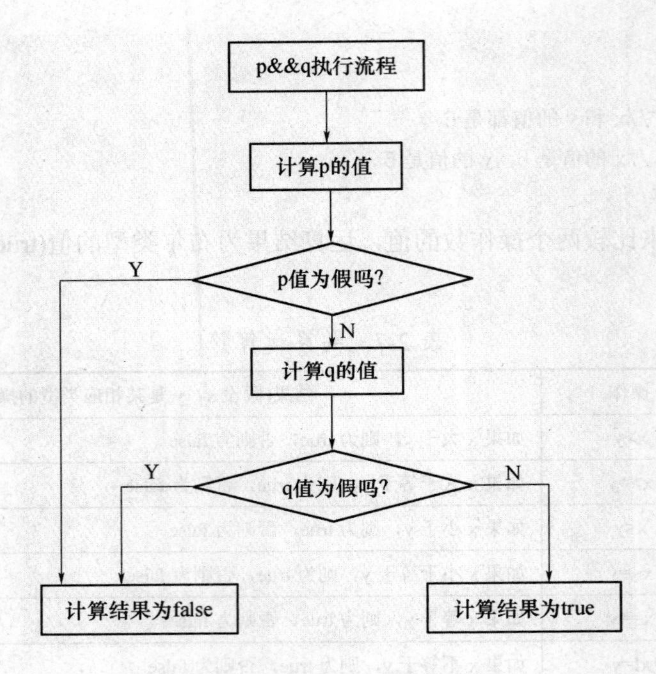


图 2-15　逻辑与运算流程图

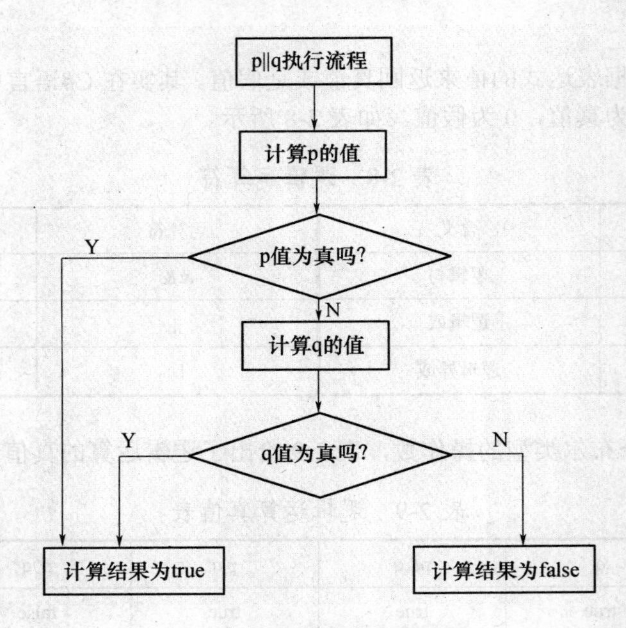


图 2-16　逻辑或运算流程图

**【例 2-15】**

```
int x, y;
bool z;
x = 1; y = 0;
z = (x > 1) & (++y > 0);      //z 的值为 false，y 的值为 1
z = (x > 1) && (++y > 0);     //z 的值为 false，y 的值为 0
```

逻辑非运算符“！”是一元运算符，它对操作数进行“非”操作，即真/假值互非(反)。

**4．位运算符**

位运算的操作数为数值，“位”是指“bit”，即对操作数的每一位进行逻辑操作，其运算结果也为数值。要理解并掌握位运算，必须掌握数值在内存中的二进制表示形式，并掌握整数的十进制和二进制之间的转换。

1) 按位异或

假设有两个整型数 x 和 y，则表达式(x^y)^y 的值还原为 x。

```
char ch='o';
int key=0x1f;
Console.WriteLine("明文："+ch);
ch=(char)(ch^key);
Console.WriteLine("密文："+ch);
ch=(char)(ch^key);
Console.WriteLine("解码："+ch);
```

2）移位运算符

(1) 左移（<<），右移（>>）。

(2) 语法形式：

```
value<<num_bits
value>>num_bits
```

左操作数 value 是要被移位的值，右操作数 num_bits 是要移位的位数。

(3) 将一个数左移 N 位相当于将一个数乘以 2 的 *N* 次方。

**5．赋值运算符**

赋值运算符有两种形式，一种是简单赋值运算符，另一种是复合赋值运算符。

1) 简单赋值运算符

简单赋值语句的作用是把某个常量或变量或表达式的值赋值给另一个变量。符号为“=”。语法形式：

var=表达式

注意：赋值语句左边的变量在程序的其它地方必须要声明。

得以赋值的变量称为左值，因为它们出现在赋值语句的左边；产生值的表达式称为右值，因为它们出现在赋值语句的右边。常数只能作为右值。

如果左值和右值的类型不一致，在兼容的情况下，则需要进行自动转换(隐式类型转换)或强制类型转换(显式类型转换)。一般原则下，从占用内存较少的短数据类型向占用内存较多的长数据类型赋值时，可以不做显式的类型转换，C#会进行自动类型转换；反之当从较长的数据类型向占用内存较少的短数据类型赋值时，则必须做强制类型转换。

2) 复合赋值运算符

在进行如 Total=Total+3 运算时，C#提供一种简化方式 Total+= 3，这就是复合赋值运算符。

语法形式：

var op=表达式　　//op 表示某一运算符

等价的意思是：var = var op 表达式

除了关系运算符，一般二元运算符都可以和赋值运算符在一起构成复合赋值运算符，如表 2-10 所示。

表 2-10　赋值运算符

| 运算符 | 用法示例 | 等价表达式 | 运算符 | 用法示例 | 等价表达式 |
|---|---|---|---|---|---|
| += | x+=y | x=x+y | &= | x&=y | x=x&y |
| -= | x-=y | x=x-y | \|= | x\|=y | x=x\|y |
| *= | x*=y | x=x*y | ^= | x^=y | x=x^y |
| /= | x/=y | x=x/y | >>= | x>>=y | x=x>>y |
| %= | x%=y | x=x%y | <<= | x<<=y | x=x<<y |

### 6．条件运算符

条件运算符(？：)是 C#中唯一一个三目运算符，它是对第一个表达式作真/假检测，然后根据结果返回另外两个表达式中的一个。

<表达式 1>？<表达式 2>：<表达式 3>

在运算中，首先对第一个表达式进行检验，如果为真，则返回表达式 2 的值；如果为假，则返回表达式 3 的值。

例如：

```
a=(b>0)？b：-b;
```

当 b>0 时，a=b；当 b 不大于 0 时，a=－b。这就是条件表达式。其实上面语句的意思就是把 b 的绝对值赋值给 a。

### 7．运算符的优先级与结合性

当一个表达式含有多个运算符时，C#编译器需要知道先做哪个运算，就是所谓的运算符的优先级，它控制各个运算的运算顺序。例如，表达式 x+5*2 是按 x+(5*2)计算的，因为“*”运算符比“+”运算符优先级高。

当操作数出现在具有相同优先级的运算符之间时，如表达式“14-6-3”按从左到右计算的结果是 5，如果按从右到左计算，结果是 11。当然“-”运算符是按从左到右的次序计算的，也就是左结合。再如表达式“x=y=4”，它在执行时是按从右到左计算的，即先将数值 4 赋给变量 y，再将 y 的值赋给 x。所以“=”运算符是右结合的。

在表达式中，运算符的优先级和结合性控制着运算的执行顺序，也可以用圆括号“()”显式地标明运算顺序，如表达式“(x+y)*2”。

表 2-11 列出了 C#运算符的优先级和结合性，其中表顶部的优先级较高。

表 2-11　运算符的优先级与结合性

| 类 别 | 运 算 符 | 结 合 性 |
|---|---|---|
| 初级运算符 | x.y、f(x)、a[x]、x++、x--、new、typeof、checked、unchecked | 自左向右 |
| 一元运算符 | +、 -、！、~、++x、 --x 、(T)x | 自右向左 |
| 乘，除运算符 | * 、/ 、% | 自右向左 |
| 加，减运算符 | + 、- | 自左向右 |
| 移位运算符 | << 、>> | 自左向右 |

（续）

| 类别 | 运算符 | 结合性 |
|---|---|---|
| 关系运算符 | <、<=、 >、 >=、is、as | 自左向右 |
| 等式运算符 | ==、!= | 自左向右 |
| 逻辑与运算符 | & | 自左向右 |
| 逻辑异或运算符 | ^ | 自左向右 |
| 逻辑或运算符 | \| | 自左向右 |
| 条件与运算符 | && | 自左向右 |
| 条件或运算符 | \|\| | 自左向右 |
| 条件运算符 | ?: | 自左向右 |
| 赋值运算符 | =、 *=、 /=、+=、 -=、 %=、<<=、>>=、 &=、 ^=、!= | 自右向左 |

## 2.3.2 表达式

**1．表达式的意义**

将同类型的数据(如常量、变量、函数等)，用运算符号按一定的规则连接起来的、有意义的式子称为表达式(expression)。

例如：算术表达式、逻辑表达式、字符表达式等。 运算是对数据进行加工处理的过程，得到运算结果的数学公式或其它式子统称为表达式。表达式可以是常量也可以是变量或算式，在表达式中又可分为算术表达式、逻辑表达式和字符串表达式。

**2．表达式的分类**

1) 算术表达式

算术表达式是最常用的表达式，又称为数值表达式。它是通过算术运算符来进行运算的数学公式。

例如：

7*2=14

3+x+y

2) 逻辑表达式

逻辑运算的结果只有两个：true(真)和 false(假)。

例如：5>3 结果为 true，"a">"b" 结果为 false。

**3．表达式的运算优先顺序**

在进行表达式的转换过程中，必须了解各种运算的优先顺序，使转换后的表达式能满足数学公式的运算要求。运算优先顺序为：

括号→函数→乘方→乘/除→加/减→字符连接运算符→关系运算符→逻辑运算符

同级的运算是按从左到右次序进行的；多层括号由里向外。

例如：

(10+6)*3^2*cos(1)/2*8+7

①④③⑤②⑥⑦⑧

Sqrt(Abs(p/n-1))+1

④③①②⑤

## 2.4 函　数

本节介绍如何把函数添加到应用程序中，以及如何在代码中使用(调用)它们。首先从基础知识开始，了解不交换任何数据的简单函数以及调用它们的代码，然后介绍更高级的函数用法。

### 2.4.1 函数的定义和使用

**1. 函数的定义**

语法形式：

```
static <returnType> <functionName>((<paramType> <paramName>, ...)
{
...
return <returnValue>;
}
```

其中：

(1) <returnValue>：函数返回值，必须是一个值，其类型可以是<returnType>，也可以隐式转换为该类型。但是，<returnType>可以是任何类型，包括前面介绍的较复杂的类型。

如果函数没有返回值，则函数的返回值类型使用关键字 void。

当函数返回一个值时，可以用下面两种方式定义函数：

① 在函数声明中指定返回值的类型，但不使用关键字 void。

② 使用 return 关键字结束函数的执行，把返回值传送给调用代码。

(2) <functionName>：函数名，函数名一般采用 PascalCasing 形式来编写。

(3) (<paramType> <paramName>, ...)：函数参数，其中可以有任意多个参数，每个参数都有一个类型和一个名称。参数用逗号分隔开。每个参数都在函数的代码中用作一个变量。

当函数接受参数时，就必须指定下述内容：

(1) 函数在其定义中指定接受的参数列表，以及这些参数的类型。

(2) 在每个函数调用中匹配的参数列表。

(3) 在调用函数时，必须使参数与函数定义中指定的参数完全匹配，这意味着要匹配参数的类型、个数和顺序。

**【例 2-16】**

```
using System;
class Program
{
static int Add(int a, int b)
    {
     Console.WriteLine("请计算两个数的和：");
      return a + b;
     }
static void Main(string[] args)
```

```
{
    int x = 10;
    int y = 20;
    Console.WriteLine(x);
    Console.WriteLine(y);
    int z=Add(x, y);
     Console.WriteLine(z);
    Console.ReadKey();}
}
```

执行代码，运行结果如图 2-17 所示。

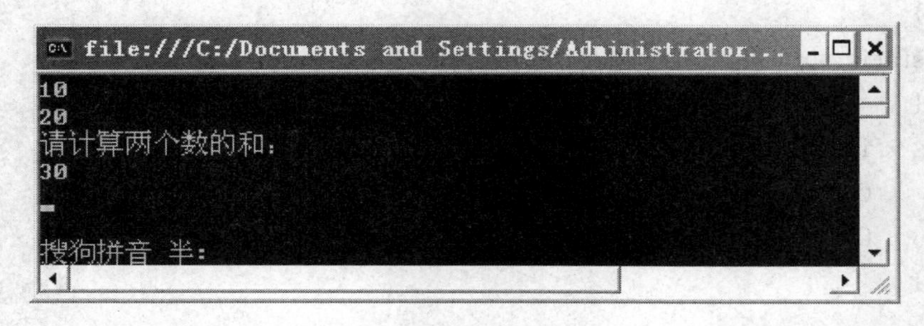


图 2-17 运行结果

注意：

在定义函数和调用函数时，必须使用圆括号。如果删除它们，代码就不能编译。

**2. 参数数组**

C#允许为函数指定一个(只能指定一个)特定的参数，这个参数必须是函数定义中的最后一个参数，称为参数数组。参数数组可以使用个数不定的参数调用函数，它可以使用 params 关键字来定义。

参数数组可以简化代码，因为不必从调用代码中传递数组，而是传递可在函数中使用的一个数组中相同类型的几个参数。

语法形式：

```
static <returnType> <functionName>(<p1Type> <p1Name>, … ,
params <type>[] <name>)
{
...
return <returnValue>;
}
```

使用下面的代码可以调用该函数。

```
<functionName>(<p1>,…, <val1>, <val2>,…)
```

其中<val1>, <val2>等都是类型为<type>的值，用于初始化<name>数组。在可以指定的参数个数方面没有限制。甚至可以根本不指定参数。唯一的限制是它们都必须是<type>类型。

这一点使参数数组特别适合于为在处理过程中要使用的函数指定其它信息。

**【例 2-17】**定义并使用带有 params 类型参数的函数。

```
class Program
{
    static int SumVals(params int[] vals)
    {
        int sum = 0;
        foreach (int val in vals)
        {
            sum += val;
        }
        return sum;
    }
    static void Main(string[] args)
    {
        int sum = SumVals(1, 5, 2, 9, 8);
        Console.WriteLine("Summed Values = {0}", sum);
        Console.ReadKey();
    }
}
```

执行代码，运行结果如图 2-18 所示。

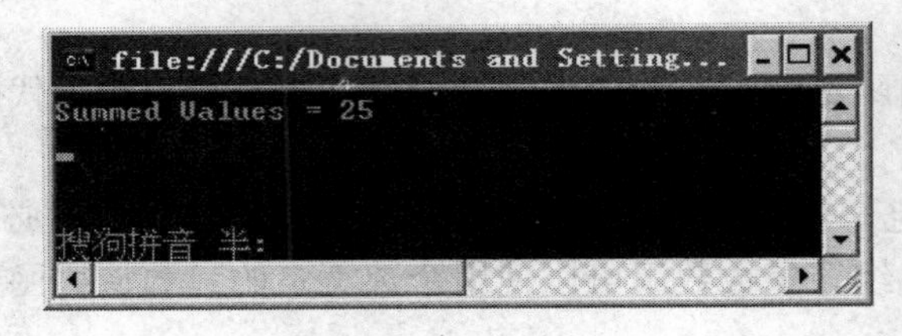


图 2-18　运行结果

在这个示例中，函数 sumVals()是用关键字 params 定义的，可以接受任意个整型参数(或不接受任何参数)：

```
static int SumVals(params int[] vals)
{
...
}
```

这个函数对 vals 数组中的值进行迭代，把这些值加在一起，返回其结果。

在 Main()中，用 5 个整型参数调用这个函数：

```
int sum = SumVals (1, 5, 2, 9, 8);
```

也可以用 0、1、2 或 100 个整型参数调用这个函数，即参数的个数没有限制。

**3．引用参数和值参数**

到目前为止，我们定义的所有函数都带有值参数。其含义是，在使用参数时，是把一个值传递给函数使用的一个变量。对函数中此变量的任何修改都不影响函数调用中指定的参数。

**【例 2-18】**下面的函数使传递过来的参数值加倍，并显示出来：

```
static void showDouble(int val)
    {
        val *= 2;
        Console.WriteLine("val doubled = {0}", val);
    }
```

参数 val 在这个函数中被加倍，如果以下面的方式调用它：

```
int myNumber = 5;
Console.WriteLine("myNumber = {0}", myNumber);
showDouble(myNumber);
Console.WriteLine("myNumber = {0}", myNumber);
```

输出到控制台上的文本如下所示：

```
myNumber = 5
val doubled = 10
myNumber = 5
```

把 myNumber 作为一个参数，调用 showDouble()并不影响 Main()中 myNumber 的值，即使分配给 val 的参数被加倍，myNumber 的值也不变。

这很不错，但如果要改变 myNumber 的值，就会有问题。可以使用一个给 myNumber 返回新值的函数：

```
static void DoubleNum(int val)
    {
     val *= 2;
     return val;
    }
```

并使用下面的代码调用它：

```
int myNumber = 5;
Console.WriteLine("myNumber = {0}", myNumber);
myNumber = DoubleNum(myNumber);
Console.WriteLine("myNumber = {0}", myNumber);
```

但这段代码一点也不直观，且不能改变用作参数的多个变量值(因为函数只有一个返回值)。

此时可以通过引用传递参数。即函数处理的变量与函数调用中使用的变量相同，而不仅仅是值相同的变量。因此，对这个变量进行的任何改变都会影响用作参数的变量值。为此，只需使用 ref 关键字指定参数：

```
static void showDouble(ref int val)
    {
    val *= 2;
    Console.WriteLine("val doubled = {0}", val);
    }
```

在函数调用中文本如下(这是必需的，因为 ref 参数是函数签名的一部分)：

```
int myNumber = 5;
```

```
Console.WriteLine("myNumber = {0}", myNumber);
showDouble(ref myNumber);
Console.WriteLine("myNumber = {0}", myNumber);
```

输出到控制台上的文本如下所示：

```
myNumber = 5
val doubled = 10
myNumber = 10
```

这次，myNumber 被 showDouble()修改了。

注意：用作 ref 参数的变量有两个限制。首先，函数可能会改变引用参数的值，所以必须在函数调用中使用变量。所以，下面的代码是非法的：

```
const int myNumber = 5;
Console.WriteLine("myNumber = {0}", myNumber);
showDouble(ref myNumber);
Console.WriteLine("myNumber = {0}", myNumber);
```

其次，必须使用初始化过的变量。C#不允许假定 ref 参数在使用它的函数中初始化，下面的代码也是非法的：

```
int myNumber;
showDouble(ref myNumber);
Console.WriteLine("myNumber = {0}", myNumber);
```

**4．输出参数**

除了根据引用传递值之外，还可以使用 out 关键字，指定所给的参数是一个输出参数。out 关键字的使用方式与 ref 关键字相同(在函数定义和函数调用中用作参数的修饰符)。实际上，它的执行方式与引用参数完全一样，因为在函数执行完毕后，该参数的值将返回给函数调用中使用的变量。但是，这里有一些重要区别。

(1) 把未赋值的变量用作 ref 参数是非法的，但可以把未赋值的变量用作 out 参数。

(2) 另外，在函数使用 out 参数时，该参数必须看作是还未赋值。即调用代码可以把已赋值的变量用作 out 参数，存储在该变量中的值会在函数执行时丢失。

**【例 2-19】**返回数组(数组中有多个元素的值都是这个最大值，只提取第一个最大值的下标)中最大值的 MaxValue()函数。

```
using System;
class Program
{
    static int MaxValue(int[] intArray, out int maxIndex)
    {
        int maxVal = intArray[0];
        maxIndex = 0;
        for (int i = 1; i < intArray.Length; i++)
        {
            if (intArray[i] > maxVal)
            {
```

```
                maxVal = intArray[i];
                maxIndex = i;
            }
        }
        return maxVal;
    }
    static void Main(string[] args)
    {
        int[] myArray = { 1, 8, 3, 6, 2, 5, 9, 3, 0, 2 };
        int maxIndex;
        Console.WriteLine("The maximum value in myArray is {0}",
        MaxValue(myArray, out maxIndex));
        Console.WriteLine("The first occurrence of this value is at element {0}",
        maxIndex + 1);
        Console.ReadKey();
    }
}
```

执行代码，运行结果如图 2-19 所示。

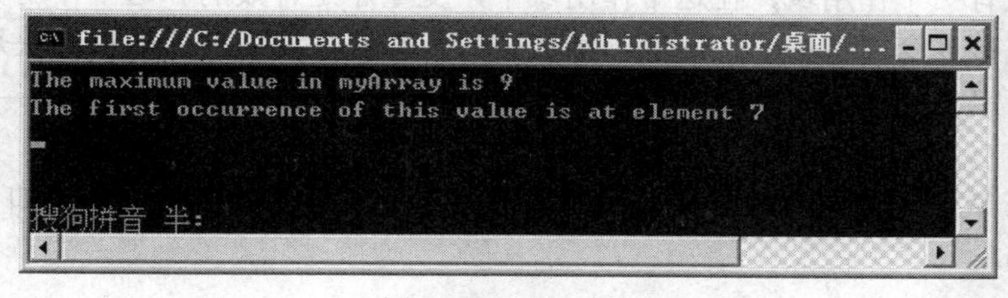


图 2-19　运行结果

注意：

(1) 必须在函数调用中使用 out 关键字，就像 ref 关键字一样。

(2) 在屏幕上显示结果时，给返回的 maxIndex 的值加上 1。这样可以使下标更容易读懂，因此数组的第一个元素指元素 1，而不是元素 0。

## 2.4.2　变量的作用域

在上一节中，读者可能想知道为什么需要利用函数交换数据。原因是 C#中的变量仅能从代码的本地作用域访问。给定的变量有一个作用域，访问该变量要通过这个作用域来实现。变量的作用域是一个重要的主。

【例 2-20】下面的示例将演示变量在一个作用域中定义，但试图在另一个作用域中使用的情形。

```
using system;
class Program
{
    static void Write()
```

```
    {
        Console.WriteLine("myString = {0}", myString);
    }
    static void Main(string[] args)
    {
        string myString = "String defined in Main()";
        Write();
        Console.ReadKey();
    }
}
```

编译代码，注意显示在任务列表中的错误和警告，如图 2-20 所示。

错误列表

1 个错误 | 1 个警告 | 0 个消息

| | 说明 | 文件 | 行 | 列 | 项目 |
|---|---|---|---|---|---|
| 1 | 当前上下文中不存在名称“myString” | Pr | 12 | 49 | ConsoleApplication2 |
| 2 | 变量“myString”已赋值，但其值从未使用过 | Pr | 16 | 20 | ConsoleApplication2 |

图 2-20 错误列表

原因是变量有一个作用域，在这个作用域中，变量才是有效的。这个作用域包括定义变量的代码块和直接嵌套在其中的代码块。函数中的代码块与调用它们的代码块是不同的。在 Write()中，没有定义 myString，在 Main()中定义的 myString 则超出了作用域—— 它只能在 Main()中使用。

实际上，在 Write()中可以有一个完全独立的变量 myString，修改代码，如下所示：

```
using system;
class Program
{
    static void Write()
    {
        string myString = "String defined in Write()";
        Console.WriteLine("Now in Write()");
        Console.WriteLine("myString = {0}", myString);
    }
    static void Main(string[] args)
    {
        string myString = "String defined in Main()";
        Write();
        Console.WriteLine("\nNow in Main()");
        Console.WriteLine("myString = {0}", myString);
        Console.ReadKey();
    }
}
```

这段代码就可以编译，结果如图 2-21 所示。

```
file:///C:/Documents and Settings/Administrator/桌面/C...
Now in Write()
myString = String defined in Write()

Now in Main()
myString = String defined in Main()
```

图 2-21　运行结果

这段代码执行的操作如下：

(1) Main()定义和初始化字符串变量 myString。

(2) Main() 把控制权传送给 Write()。

(3) Write()定义和初始化一个字符串变量 myString，它与 Main()中定义的 myString 变量完全不同。

(4) Write()把一个字符串输出到控制台上，该字符串包含在 Write()中定义的 myString 的值。

(5) Write()把控制权传送回 Main()。

(6) Main()把一个字符串输出到控制台上，该字符串包含在 Main()中定义的 myString 的值。

作用域以这种方式覆盖一个函数的变量称为局部变量。还有一种全局变量，其作用域可覆盖几个函数。修改代码，如下所示：

```
using system;
class Program
{
    static string myString;
    static void Write()
    {
        string myString = "String defined in Write()";
        Console.WriteLine("Now in Write()");
        Console.WriteLine("Local myString = {0}", myString);
        Console.WriteLine("Global myString = {0}", Program.myString);
    }
    static void Main(string[] args)
    {
        string myString = "String defined in Main()";
        Program.myString = "Global string";
        Write();
        Console.WriteLine("\nNow in Main()");
        Console.WriteLine("Local myString = {0}", myString);
```

```
            Console.WriteLine("Global myString = {0}", Program.myString);
            Console.ReadKey();
        }
    }
```

```
file:///C:/Documents and Settings/Administrator/桌面/Cons...
Now in Write()
Local myString = String defined in Write()
Global myString = Global string

Now in Main()
Local myString = String defined in Main()
Global myString = Global string

搜狗拼音 半:
```

图 2-22　运行结果

结果如图 2-22 所示。

这里添加了另一个变量 myString，这次进一步加深了代码中的名称层次。这个变量定义如下：

```
static string myString;
```

注意这里也需要 static 关键字。在这种形式的控制台应用程序中，必须使用 static 或 const 关键字，来定义这种形式的全局变量。如果要修改全局变量的值，就需要使用 static，因为 const 禁止修改变量的值。

## 2.5　语　句

语句就是 C#程序中执行操作的命令。在 C#语言语句必须用分号“；”结束，这也是与 VB 不同的地方。可以在一行上书写多条语句，也可以将一条语句书写在多行上。

当语句中包含不同层次的内容时，C#用点“.”操作符表示从属关系。比如输出语句

System.Console.WriteLine(“欢迎使用 C#!”);

其中，“System”表示一个命名空间，“Console”表示该命名空间中的一个类，“WriteLine”表示该类中的一个方法。不过，可以在程序开头使用 using 指令引入命名空间，如 using System;，所以在程序中使用该命名空间中的类时，就不许给出命名空间的名称了。

## 习 题 2

1．C#语言中，值类型包括基本值类型、结构类型和(　　)。

A．小数类型　　B．整数类型　　C．类类型　　D．枚举类型

2．引用类型主要有：类类型、数组类型、接口类型和(　　)。

A．对象类型　　B．字符串类型　　C．委托类型　　D．整数类型

3．将变量从字符串类型转换为数值类型可以使用的类型转换方法是(　　)。

A．Str()　　B．Cchar　　C．CStr()　　D．int．Parse()

4．数据类型转换的类是(　　)。

A．Mod　　B．Convert　　C．Const　　D．Single

5．下面关于常量的描述正确的是(　　)。

A．const int PI;　　B．int const PI=3．14;

C．int PI=3．14 const;　　D．const int PI=3．14;

6．在 C#语言中，表示一个字符串变量应使用以下哪条语句定义？(　　)

A．CString str;　　B．string str;　　C．Dim str as string;　　D．char * str;

7．小数类型(decimal)和浮点类型都可以表示小数，正确说法是(　　)。

A．两者没有任何区别　　B．小数类型比浮点类型取值范围大

C．小数类型比浮点类型精度高　　D．小数类型比浮点类型精度低

8．字符串连接运算符包括&和(　　)。

A．+　　B．-　　C．*　　D．/

9．以下正确的描述是(　　)。

A．函数的定义可以嵌套，函数的调用不可以嵌套

B．函数的定义不可以嵌套，函数的调用可以嵌套

C．函数的定义和函数的调用均可以嵌套

D．函数的定义和函数的调用均不可以嵌套

10．能作为 C#程序的基本单位是(　　)。

A．字符　　B．语句　　C．函数　　D．源程序文件

11．写出以下程序的功能。

```
static void f2(ref double[] a, int n)
  {
     int i; double sum=0;
      for(i=0;i<n;i++) sum+=a[i];
      sum/=n;
      for(i=0;i<n;i++)
          if(a[i]>=sum)
        Console. write( a[i] + "  " );
         Console. writeLine ();
   }
```

12．写出以下程序运行结果。

```
using System;
class Test
  {
    const int N=5;
    public static void Main (){
    int a = 0;
   for(int i=1; i<N; i++)
      {
     int c=0, b=2;
```

```
    a+=3; c=a+b;
    Console. write (c + "  " );
    }
  }
```

13. 写出以下程序运行结果。

```
using System;
class Test
  {
    static void LE(ref int a, ref int b) {
       int x = a;
       a = b;  b = x;
       Console. writeLine (a + "   " +b);
  }
  public static void Main ()
  {
     int x=10, y=25;
    LE(ref x, ref y);
    Console. writeLine (x + "   " +y);
  }
 }
```

14. 编程：若输入一个字符串 abcd，则输出 dcba，请定义一个方法，完成字符串的翻转功能。

15. 编程：定义两个方法，方法的参数分别为输出型参数和引用型参数，并调用这两个方法。

# 第 3 章　数组、结构和枚举

## 3.1　数　　组

数组是具有相同数据类型的项的有序集合。要访问数组中的某个项，需要同时使用数组名称及该项与数组起点之间的偏移量。C#中的数组主要有三种形式：一维数组、多维数组和不规则数组。

### 3.1.1　数组的概念

一般而言，数组都必须先声明后使用，在 C/C++这类语言中，数组在声明时，就要明确数组的元素个数，由编译器来分配存储空间。但在 C#中数组是一个引用类型，声明数组时，只是预留一个存储位置以引用将来的数组实例，实际的元素对象是通过 new 运算符在运行时动态产生的。因此在数组声明时，不需要给出数组元素的个数。

**1．一维数组**

1) 一维数组的声明

语法形式：

type [ ] arrayName;

其中：

type 可以是 C#中任意的数据类型；

[ ]表明后面的变量是一个数组类型，必须放在数组名之前；

arrayName 为数组名，遵循各标识符的命名规则。

例如：

```
int [ ]a1;
double [ ] f1;
string [ ]s1;
```

2) 创建数组对象

用 new 运算符创建数组实例，有两种基本形式。声明数组和创建数组分别进行。

语法形式：

```
type [ ]arrayName;          //数组声明
arrayName=new type[size];         //创建数组实例
```

其中，size 表明数组元素的个数。

声明数组和创建数组实例也可以合在一起写：

```
type [ ]arrayName=new type[size];
```

例如：

```
int [ ]a1;
```

```
a1=new int [10];
string [ ]s1=new string [5];
```

**2. 多维数组**

1) 多维数组的声明

语法形式：

type [,,, ] arrayName;

多维数组就是指能用多个下标访问的数组。在声明时方括号内加逗号，就表明是多维数组，有 n 个逗号，就是 n+1 维数组。

例如：

```
int [, ]a1;    //a1 是一个 int 类型的二维数组
double [,, ] f1;    // f1 是一个 double 类型的三维数组
```

2) 创建数组对象

声明数组和创建数组分别进行。

语法形式：

```
type [,, ]arrayName;    //数组声明
arrayName=new type[size, size, size];    //创建数组实例
```

其中，size，size，size 分别表明多维数组每一维的元素个数。

声明数组和创建数组实例也可以合在一起写：

```
type [,, ]arrayName=new type[size, size, size];
```

例如：

```
int [, ]a1;
a1=new int [3,4];    // a1 是一个 3 行 4 列的 int 类型的二维数组
string [,, ]s1=new string [2,3,4];    // s1 是一个三维数组，每一维的维数分别是 2,3,4
```

**3. 不规则数组**

一维和多维数组都属于矩形数组，而 C#所特有的不规则数组是数组的数组，在它的内部，每个数组的长度可以不同，就像一个锯齿形状。

1) 不规则数组的声明

语法形式：

```
type [ ][ ][ ] arrayName;
```

方括号[ ]的个数与数组的维数相关。

例如：

```
int [ ][ ] jagged;    //jagged 是一个 int 类型的二维不规则数组
```

2) 创建数组对象

以二维不规则数组为例：

```
int [ ][ ] jagged;
jagged=new int [3][ ] ;
jagged[0]=new int [4] ;
jagged[1]=new int [2];
jagged[2]=new int [6] ;
```

### 3.1.2 数组的初始化

在用 new 运算符生成数组实例时，若没有对元素初始化，则取它们的默认值。对数值变量默认值为 0，引用型变量默认值为 null。当然数组也可以在创建时按照自己的需要进行初始化，需要注意的是，初始化时不论数组的维数是多少，都必须显式地初始化所有数组元素，不能进行部分初始化。

**1．一维数组的初始化**

语法形式 1：

type [ ] arrayName=new type[size]{var1,var2，…，varn};

声明数组与初始化同时进行，size 就是数组元素的个数，它必须是常量，而且应该与大括号内的数据个数一致。

语法形式 2：

type [ ] arrayName=new type[]{var1,var2，…，varn};

默认 size 由编译系统根据初始化表中的数据个数，自动确定数组的大小。

语法形式 3：

type [ ] arrayName= {var1,var2，…，varn};

数组声明与初始化同时进行，还可以默认 new 运算符。

语法形式 4：

type [ ] arrayName;

arrayName=new type [size]{var1,var2，…，varn};

把声明与初始化分开在不同的语句中进行，size 同样可以默认，也可以是一个常量。

例如：以下数组初始化实例是等同的。

```
int []nums=new int [10]{0,1,2,3,4,5,6,7,8,9};
int []nums=new int []{0,1,2,3,4,5,6,7,8,9};
int []nums={0,1,2,3,4,5,6,7,8,9};
int []nums;
nums=new int [10]{0,1,2,3,4,5,6,7,8,9};
```

**2．多维数组的初始化**

多维数组初始化是将每维数组元素设置的初始值放在各自的大括号中，下面以最常用的二维数组为例来讨论。

语法形式 1：

type [,] arrayName=new type[size1,size2]{{var11,var12，…，var1n},{var21,var22，…，var2n}，…，{varm1,varm2…varmn}};

数组声明与初始化同时进行，数组元素的个数是 size*size，数组的每一行分别用一个花括号括起来，每个花括号内的数据就是这一行的每一列的元素的值，初始化时的赋值顺序按矩阵的“行”存储原则。

语法形式 2：

type [ ] arrayName=new type[,]{{var11,var12，…，var1n}，{var21,var22，…，var2n}，…，{varm1,varm2，…，varmn}};

默认 size，由编译器根据初始化表中的花括号{}的个数确定行数，再根据{}内的数据确定列数，从而得出数组的大小。

语法形式 3：

type [,] arrayName={{var11,var12，…，var1n}，{var21,var22，…，var2n}，…，{varm1，varm2，…，varmn}};

数组声明与初始化同时进行，还可以默认 new 运算符。

语法形式 4：

type [,]arrayName;

arrayName=new type[size1,size2]{{var11,var12…var1n}，{var21,var22，…，var2n}，…，{varm1，varm2，…，varmn}};

把声明与初始化分开在不同的语句中进行，size1、size2 同样可以默认，也可以是一个常量。

例如：以下数组初始化实例是等同的。

```
int [,]a=new int[3,4]{{0,1,2,3},{4,5,6,7},{8,9,10,11}};
int [,]a=new int[,]{{0,1,2,3},{4,5,6,7},{8,9,10,11}};
int [,]a={{0,1,2,3},{4,5,6,7},{8,9,10,11}};
int []a;
a=new int[3,4]{{0,1,2,3},{4,5,6,7},{8,9,10,11}};
```

**3．不规则数组的初始化**

不规则数组是一个数组的数组，所以它的初始化通常是分步骤进行的。

语法形式：

type [ ][ ] arrayName=new type [size][ ];

size 可以是常量或变量，后面一个中括号[ ]是空的，表示数组的元素还是数组且其中的每一个数组的长度是不一样的，需要单独使用 new 运算符生成。

语法形式：

arrayName[0]=new type[size0]{var1，var2，…，varn1};

arrayName[1]=new type[size1]{var1，var2，…，varn2};

…

例如：

```
char[ ][ ] st1=new char[3][ ];     //st1 是由三个数组组成的数
st1[0]=new char[ ]{'S', 'U', 'N', 'D', 'A', 'Y'};
st1[1]=new char[ ]{'M ', 'O ', 'N ', 'D ', 'A ', 'Y '};
st1[2]=new char[ ]{'T ', 'U ', 'E ', 'S ', 'D ', 'A ', 'Y '};
```

## 3.1.3 数组元素的访问

一个数组具有初值时，就可以像其它变量一样被访问，既可以取数组元素的值，又可以修改数组元素的值。在 C#中是通过数组名和数组元素的下标来引用数组元素的。

**1．一维数组的引用**

语法形式：

数组名[下标]

其中，下标表示数组元素的索引值，实际上就是要访问的那个数组元素在内存中的相对位移，注意，相对位移是从 0 开始的，所以下标的值从 0 到数组元素的个数-1 为止。

**【例 3-1】**

```
using System;
class Test
  {
      public static void Main()
      {
          string[] friendNames = { "Robert Barwell", "Mike Parry", "Jeremy Beacock" };
          Console.WriteLine("Here are {0} of my friends:", friendNames.Length);
          for (int i=0; i< friendNames.Length;i++)
          {
              Console.WriteLine(friendNames[i]);
          }
          Console.ReadKey();
      }
  }
```

程序运行结果如图 3-1 所示。

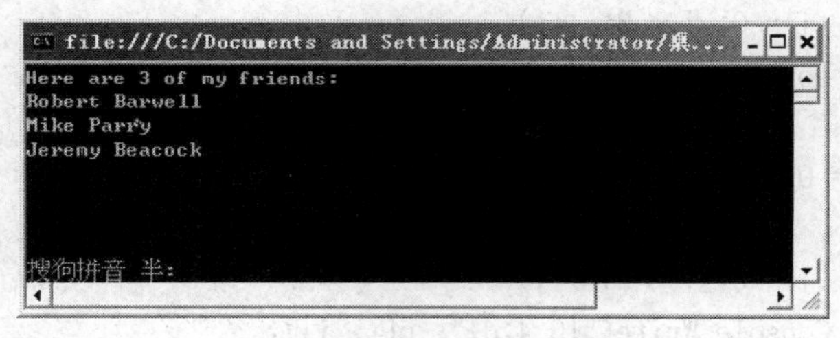


图 3-1　运行结果

**2. 二维数组的引用**

**【例 3-2】**求两个矩阵的乘积，假定一个矩阵 A 为 3 行 4 列，一个矩阵 B 为 4 行 3 列，根据矩阵乘法规则，其乘积 C 为一个 3 行 3 列的矩阵。

```
static void Main(string[] args)
{
  int i,j,k;  int [ , ] a = new int [3,4] {{1,2,3,4},{5,6,7,8},{9,10,11,12}};
  int [ , ] b = new int [4,3] {{12,13,14},{15,16,17},{18,19,20},{21,22,23}};
  int [ , ] c = new [3,3];
  for(i = 0; i<3;i++)
   for(j = 0; j<3;j++)
    for(k = 0; i<4;k++)
     c[i,j] += a[i,k]*b[k,j];
    for(i = 0; i<3;i++)
    {
     for(j = 0; j<3;j++)
```

```
            Console.Write("{0,4:d}",c[i,j]);
            Console.WriteLine();
        }
    }
```

**3. 多维数组的引用**

语法形式：

数组名[下标 1，下标 2，…，下标 n]

**【例 3-3】**

```
using System;
class Test
  {
      public static void Main()
      {
          int i, j, k;
          int[,] a = new int[3, 4] { { 1, 2, 3, 4 }, { 5, 6, 7, 8 }, { 9, 10, 11, 12 } };
          int[,] b = new int[4, 3] { { 12, 11, 10 }, { 9, 8, 7 }, { 6, 5, 4 }, { 3, 2, 1 } };
          int[,] c = new int[3, 3];
          for (i = 0; i < 3; i++)
              for (j = 0; j < 3; j++)
                  for (k = 0; k < 4; ++k)
                      c[i, j] += a[i, k] * b[k, j];
          for (i = 0; i < 3; ++i)
          {
              for (j = 0; j < 3; ++j)
                  Console.Write("{0,4:d}", c[i, j]);
              Console.WriteLine();
          }
          Console.ReadKey();
      }
  }
```

程序运行结果如图 3-2 所示。

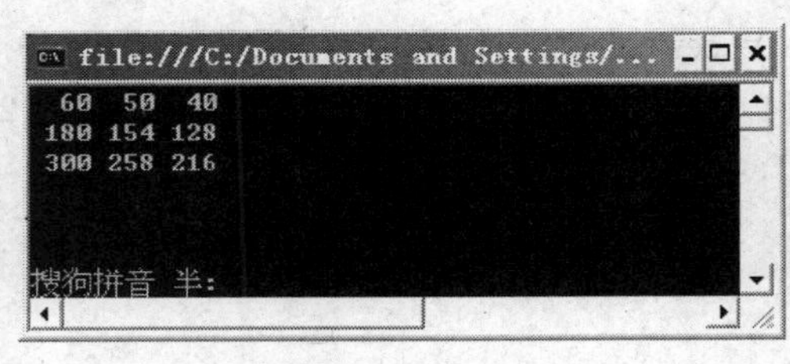


图 3-2　运行结果

**4. 不规则数组的引用**

语法形式：

数组名[下标 1][下标 2]…[下标 n]

【3-4】打印杨辉三角形。

```
using System;
class Test
  {
      public static void Main()
      {
          int i, j, k;
          k = 10;
          int[][] Y = new int[k][];
          for (i = 0; i < Y.Length; i++)
          {
              Y[i] = new int[i + 1];
              Y[i][0] = 1;
              Y[i][i] = 1;
          }
          for (i = 2; i < Y.Length; i++)
              for (j = 1; j < Y[i].Length - 1; j++)  // Y[i].Length是Y[i]这个数组的长度
                  Y[i][j] = Y[i - 1][j - 1] + Y[i - 1][j];
          for (i = 0; i < Y.Length; i++)
          {
              for (j = 0; j < Y[i].Length; j++)
                  Console.Write("{0,5:d}", Y[i][j]);
              Console.WriteLine();
          }
          Console.ReadKey();
      }
  }
```

程序运行结果如图 3-3 所示。

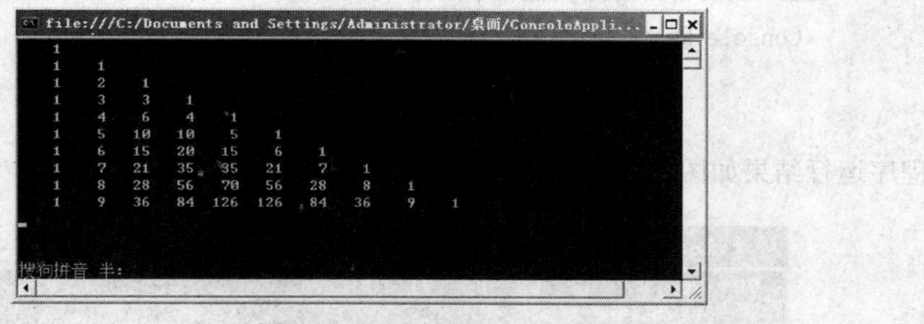


图 3-3 运行结果

## 3.1.4 数组的实例

### 1. foreach 语句

C# foreach 语句是在 C#中新引入的，在 C 和 C++中没有这个语句，它表示收集一个集合中的各个元素，并针对各个元素执行内嵌语句。C# foreach 语句的格式为：

foreach(type identifier in expression) embedded-statement

其中，类型(type)和标识符(identifier)用来声明循环变量；表达式(expression)声明被遍历的集合。

每执行一次内嵌语句，循环变量就依次取集合中的一个元素代入其中。在这里，循环变量是一个只读型局部变量，如果试图改变它的值或将它作为一个 ref 或 out 类型的参数传递，都将引发编译时的错误。

C# foreach 语句中的 expresssion 必须是集合类型，如果该集合的元素类型与循环变量类型不一致，则必须有一个显示定义的从集合中的元素类型到循环变量元素类型的显式转换。

### 2．foreach 语句的使用

**【例 3-5】**

```
using System;
class Test
  {
      public static void Main()
      {
        int passed;
        int[] score = new int[] { 98, 76, 87, 68, 55, 68, 57, 84, 91, 100, 58, 76 };
        passed = 0;
        foreach (int x in score)
        {
            if (x >= 60)
            {
                passed++;
                Console.Write("{0,4:d}", x);
            }
        }
        Console.WriteLine("\n及格率：{0:P}", (double)passed / score.Length);
          Console.ReadKey();
      }
  }
```

程序运行结果如图 3-4 所示。

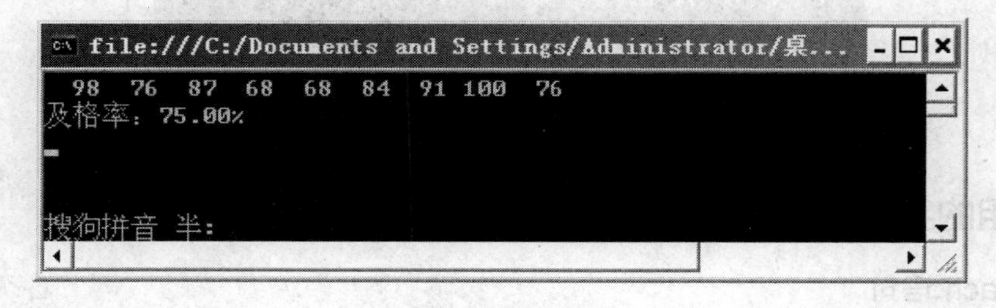


图 3-4　运行结果

## 3.2 结构类型

结构就是由几个数据组成的数据结构，这些数据可能有不同的类型。根据这个结构，可以定义自己的变量类型。

### 3.2.1 结构的声明

定义结构使用 struct 关键词，语法形式：

```
访问修饰符 struct <typeName>
{
    <memberDeclarations>
}
```

其中，<typeName>为结构体名称；<memberDeclarations>为结构体的数据成员，其格式与前面介绍的变量的声明相同。

### 3.2.2 结构成员的访问

例如，定义学生结构体：

```
    struct student {
    public string num; //代表学号
    public string name; //代表姓名
    public string sex; //代表性别
    public int age; //代表年龄
    public  float score; //代表成绩
    public void SayHi()
        {
         // ….
        }
    }
student s1;
```

s1就是一个student结构体类型的变量。上面声明的表示对结构类型的成员的访问权限，对结构成员访问通过结构变量加上访问符“.”号，再跟成员的名称：

```
s1.num="08001";
```

结构中有属性，也可以有函数，如上面的例子中的语句：

```
public void SayHi(){…}
```

结构类型包含的成员类型没有限制，可以相同，也可以不同。我们甚至可以把结构类型作为另一个结构的成员的类型：

```
struct student {
  public string num; //代表学号
  public string name; //代表姓名
  public string sex; //代表性别
```

```
    public int age; //代表年龄
    public  float score; //代表成绩
    public struct address
    {
    public string city;
    public string street;
    public string no;
    }
}
```

这里，“学生”这个结构中又包含了“地址”这个结构，结构“地址”类型包括城市、街道、门牌号三个成员。

### 3.2.3 结构的实例

【例3-6】

```
using System;
namespace ConsoleApplication2
{
    enum orientation : byte
    {
        north = 1,
        south = 2,
        east,
        west
    }
    struct rout
    {
        public orientation direction;
        public double distance;
    }
    class Program
    {
        static void Main(string[] args)
        {
            rout myRout;
            int myDirection = -1;
            double myDistance;
            Console.WriteLine("(1) North\n(2) South\n(3) East\n(4) West");
            do
            {
                Console.WriteLine("请选择一个方向：");
```

```
            myDirection = Convert.ToInt32(Console.ReadLine());
        }
        while ((myDirection < 1) || (myDirection > 4));
        Console.WriteLine("请输入一个距离值：");
        myDistance = Convert.ToDouble(Console.ReadLine());
        myRout.direction = (orientation)myDirection;
        myRout.distance = myDistance;
        Console.WriteLine("myRout specifies a direction of {0} and a"+"distance of
{1}",myRout.direction,myRout.distance);
        Console.ReadKey();
    }
  }
}
```

程序的运行结果如图 3-5 所示。

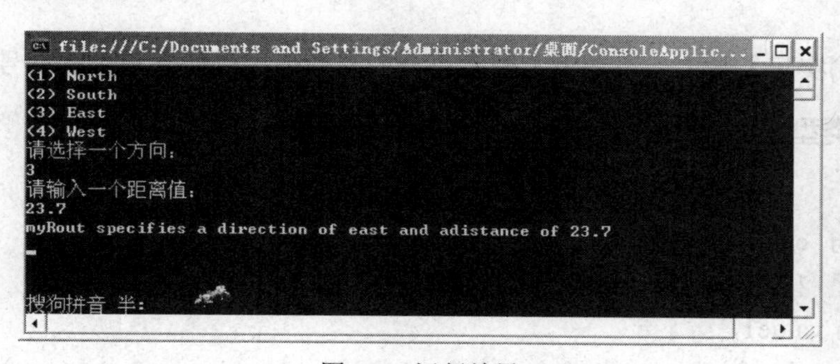


图 3-5　运行结果

【例 3-7】通过学生结构类型来存储某学生的信息，学生信息包括学号、姓名、年龄、专业等，并通过学号计算出学生上机座位号。

```
namespace chap4
{
struct student
  {
 public long Sno;
   public string SName;
   public int Age;
   public static string Speciality="Computer";
   public long SeatNo()
     {
  return Sno%100; }
     }
class Program
  {
```

```
static void Main(string[] args)
      {
student stuExamp;
        stuExamp.Sno=80012;
        stuExamp.SName="Yang";
        stuExamp.Age=22;
        Console.WriteLine("学号：{0},姓名：{1}",stuExamp.Sno ,stuExamp.SName);
        Console.WriteLine("年龄：{0},专业：{1}", stuExamp.Age, student.Speciality);
        Console.WriteLine("上机座位号为：{0}", stuExamp.SeatNo ());
      }
   }
}
```

## 3.3 枚　举

枚举(enum)实际上是为一组逻辑上密不可分的整数值提供便于记忆的符号。

### 3.3.1 枚举类型的定义

语法形式：

```
访问修饰符  enum typeName
            {
          value1,
          value 2
          …
          valueN
          };
```

其中，typeName 为枚举名。

注意：

(1) 枚举是一组描述性的名称；

(2) 枚举定义一组有限的值，不能包含方法；

(3) 对可能的值进行约束。

例如：

```
enmu WeekDay
{
  Sunday,Monday,Tuesday.Wednesday,Thursday,Friday,Saturday
};
WeekDay day;
```

### 3.3.2 枚举成员的赋值

枚举使用一个基本类型来存储。枚举类型可以提取的每个值都存储为该基本类型的一个值，按照系统的默认，枚举中的每个元素类型都是int型，而且第一个元素的值为0，它后面的每一个连续的元素的值按加1递增。在枚举声明中添加类型，就可以指定其它基本类型。

```
enmu typeName：underlyingType
{
value1,
value 2,
…
valueN
};
```

枚举的基本类型可以是byte、sbyte、short、ushort、int、uint、long和ulong。

在枚举中，也可以使用“=”运算符给元素直接赋值。

```
enmu typeName：underlyingType
{
value1=actualVal1,
value2 =actualVal 2,
…
valueN=actualVal n
 };
```

另外，还可以使用一个值作为另一个枚举的基础值，为多个枚举指定相同的值：

```
enmu typeName：underlyingType
{
value1=actualVal1,
value2 =value1,
value3,
…
valueN=actualValn
 };
```

没有赋值的任何值都会自动获得一个初始值，这里使用的值是从比最后一个明确声明的值大 1 开始的序列。例如，在上面的代码中，values3 的值是 value1+1。

注意这可能会产生预料不到的问题，在一个定义如 value2=value1 后指定的值可能与其它值相同，例如，在下面的代码中，value4 的值与 value2 相同。

```
enmu typeName：underlyingType
{
value1=actualVal1,
value2,
value3 =value1,
value4,
…
valueN=actualVal n
 };
```

当然，如果这正是希望的结果，则代码就是正确的。

还要注意，以迂回方式赋值可能会产生错误，例如：

```
enmu typeName: underlyingType
{
value1= value2,
value2= value1,
 };
```

### 3.3.3 枚举成员的访问

访问枚举成员的语法形式如下：

枚举变量.枚举成员 n

【例 3-8】声明一个名为 Color 的枚举，演示用枚举变量来访问枚举成员。

```
using System;
namespace CaseEnum
{
  enum Color
  {
      Red=1,
      Yellow,
      Green
  }
  class Program
  {
      static void Main(string[] args)
      {
          Color c = Color.Yellow;
          Console.WriteLine("I Select {0}",c.ToString());
          Console.ReadKey();
      }
  }
}
```

程序运行结果如图 3-6 所示。

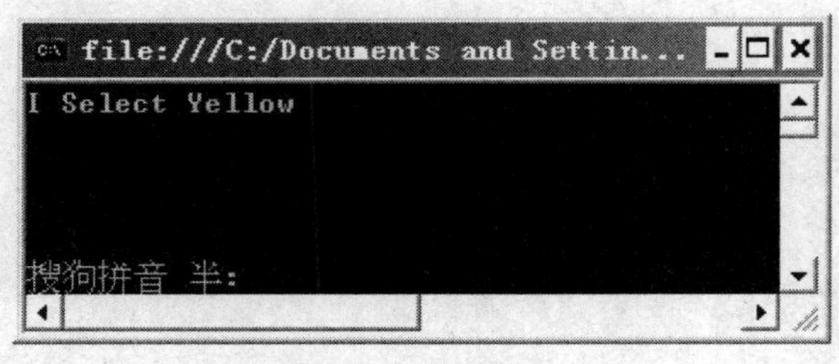


图 3-6 运行结果

注意：由于枚举类型是一个独立的类型，枚举类型和整数类型之间的转换要使用强制类型转换。但常数 0 可以隐式转换成任何枚举类型；枚举类型可以与字符串相互转换；枚举类型的 ToString( )方法能得到一个字符串，它是相对应的枚举成员的名字。

### 3.3.4 枚举的实例

例如：

消息对话框 MessageBox()语法形式如下：

```
MessageBox(text,title{,icon{,button{,default}}})
```

其中：

icon 表示 Icon 枚举类型，可选项，指定要在该对话框左侧显示的图标，见图 3-7；button 表示 Button 枚举类型，可选项，指定显示在该对话框底部的按钮，如图 3-8 所示。

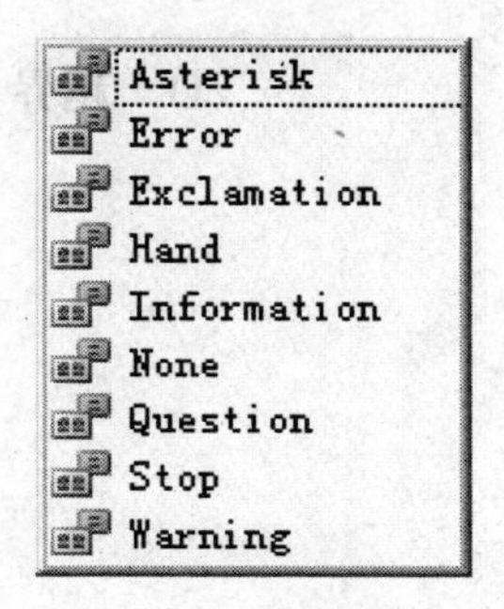


图 3-7 消息框图标值

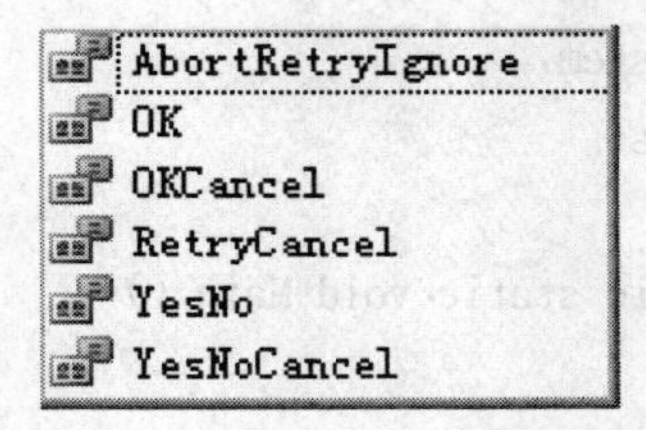


图 3-8 消息框按钮值

```
DialogResult choice;
choice = MessageBox.Show("确定要退出吗？", "退出系统",
   MessageBoxButtons.OKCancel, MessageBoxIcon.Information);
if (choice == DialogResult.OK)
   Application.Exit();
```

运行结果如图 3-9 所示。

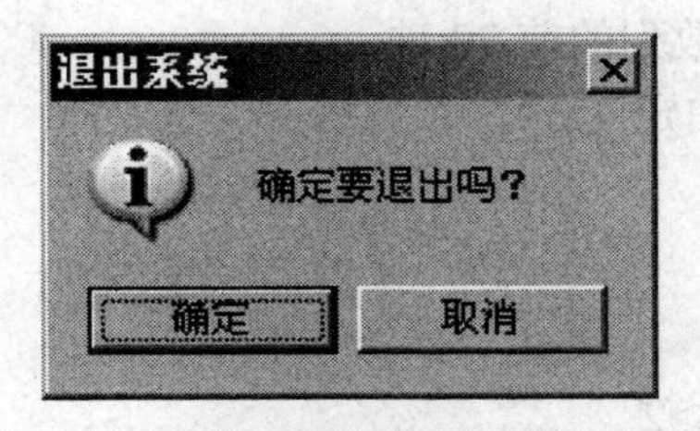


图 3-9 运行结果

## 习 题 3

1. 假定一个 10 行 20 列的二维整型数组，下列哪个定义语句是正确的？( )

A. int[]arr = new int[10,20]　　B. int[]arr = int new[10,20]

C. int[,]arr = new int[10,20]　　D. int[,]arr = new int[20;10]

2．下面的说法，有误的是(　　)。

string [] movies = new string[] {“周一”，“周二”，“周三”，“周四”，“周五”}

A．数组下标从 0 开始　　　　　　　　　　　B．其中 movies[3]=“周四”

C．movies.Length =5　　　　　　　　　　　D．movies.Rank = 2

3．在 C#中，下列哪些语句可以创建一个具有 3 个初始值为" "的元素的字符串数组？(　　)

A．string StrList[3]("");　　　　　　　　　B．string[3] StrList = {"","",""};

C．string[] StrList = {"","",""};　　　　　　D．string[] StrList = new string[3];

4．下列语句创建了多少个 string 对象？(　　)

```
string[,] strArray = new string[3][4];
```

A．0　　　　B．3　　　　C．4　　　　D．12

5．int[][] myArray3=new int[3][]{new int[3]{5,6,2},new int[5]{6,9,7,8,3},new int[2]{3,2}}; myArray3[2][2]的值是(　　)。

A．9　　　　B．2　　　　C．6　　　　D．越界

6．写出以下程序的运行结果。

```
using System;
class Test
  {
    public static void Main ()
      {
         int[ ] a ={2,4,6,8,10,12,14,16,18};
         for (int i=0; i<9; i++)
        {
               Console. write(" "+a[i]);
               if ((i+1)%3==0) Console. writeLine();
          }
      }
  }
```

7．用一维数组计算 Fibonacci 数列的前 20 项。

Fibonacci 数列，按如下递归定义：

F(1)=1;

F(2)=1

⋮

F(n)=F(n-1)+F(n-2)　n>2

8．用冒泡排序法对输入的 20 个数进行降序排序并存入数组中，然后输入一个数，查找该数是否在数组中存在，若存在，打印出数组中对应的下标值。

9．在编写图书管理系统中，图书有书名、作者、编号等属性，有是否在库、被谁借出等状态。请编写一个图书的结构体，并初始化一本图书。

10．给数组 arr[]={45,6,22,87,4,96}排序，要求至少用两种方法。

# 第 4 章　程序结构和异常处理

一个完整的程序往往是由多条语句构成的，按照程序中主要语句之间执行的先后顺序可将程序分为顺序结构、选择结构和循环结构。

## 4.1　顺 序 结 构

顺序结构，是指程序中主要程序语句按照出现的先后顺序逐条执行，是几种程序结构中最为简单的一种。语法格式如下所示：

语句 A;

语句 B;

语句 C;

…

【例 4-1】定义三个变量 x、y、z 并分别赋初值 1、2、0，求 x+y，并将求和结果赋值给 z 输出。

```
int x=1;
int y=2;
int z;
z=x+y;
Console.WriteLine("z={0}",z);
```

以上程序先对变量 x，y 定义并赋值，然后对变量 z 进行定义，接下来计算变量 x+y 的值，并将变量 x+y 的值赋值给变量 z，最后输出变量 z 的值。程序语句从前到后逐条执行。

但是，许多情况下程序并不是完全顺序执行的，这时候经常要用到下面将要介绍的选择结构和循环结构。

## 4.2　选 择 结 构

选择结构，是指程序运行的过程中根据实际情况的改变(变量值的改变等)而将程序的运行跳转到别处的一种程序结构，通常由 if 语句或者 switch 语句来实现。

### 4.2.1　if 语句

if 语句实现的选择结构通常又称为单分支选择结构，通常存在 A 和 B 两种情况供选择，非 A 即 B。语法格式如下所示：

```
if(express)
   语句 A;
```

```
else
  语句B;
```

【例 4-2】有如下数学表达式：

$$y=\begin{cases}1 & x\geqslant 0\\ -1 & x<0\end{cases}$$

用 if 语句实现如上表达式。

```
int x, y = 0;
x = int.Parse(Console.ReadLine());
if (x >= 0)
    y = 1;
else
    y = -1;
```

值得指出的是，许多情况下语句 A 和语句 B 并不一定是简单的一条语句，也可能是多条语句构成的程序段，形成如下的语法格式：

```
if(express)
{
  语句 1;
  语句 2;
  语句 3;
  …
}
else
{
  语句 a;
  语句 b;
  语句 c;
  …
}
```

例如：

```
int x,y=0;
x=int.parse(Console.ReadLine());
if(x>=0)
{
    y=1;
    Console.WriteLine("x的值为{0}，大于等于0，y的值为{1}",x,y);
}
else
    y=-1;
```

有时候我们还会遇到 if 语句嵌套使用的情况，比如，有如下数学表达式：

$$y=\begin{cases}1 & x>0\\0 & x=0\\-1 & x<0\end{cases}$$

用 if 语句实现如下所示：

```
int x, y = 0;
x = int.Parse(Console.ReadLine());
if (x == 0)
    y = 0;
else
     if (x > 0)
         y = 1;
     else
         y = -1;
```

### 4.2.2 switch 语句

switch 语句实现的分支结构又称为多分支结构，通常提供若干个可供选择的分支，语法结构如下所示：

```
switch(express)
{
   case1:
      语句 A;
      break;
   case2:
      语句 B;
      break;
  …
   default:
      语句 x;
      break;
}
```

其中，default 分支为若不满足以上 1，2，3…种情况时默认执行的分支；除 default 分支外，其余各分支都要由 break 语句来结束。在 C#中，switch 的各分支不能贯穿执行，必须要由 break 语句来结束，并且各分支中最多只能有一个分支被执行。

【例 4-3】根据键盘上输入的数字判断今天是星期几。

```
int x;
x=int.Parse(Console.ReadLine());
switch(x)
{
    case 1:
```

```
        Console.WriteLine("今天是星期一！");
        break;
    case 2:
        Console.WriteLine("今天是星期二！");
        break;
    case 3:
        Console.WriteLine("今天是星期三！");
        break;
    case 4:
        Console.WriteLine("今天是星期四！");
        break;
    case 5:
        Console.WriteLine("今天是星期五！");
        break;
    case 6:
        Console.WriteLine("今天是星期六！");
        break;
    case 7:
        Console.WriteLine("今天是星期日！");
        break;
    default:
        Console.WriteLine("输入了非法数值！");
        break;
}
```

应当指出的是，和 if 语句的情况一样，switch 的分支中要执行的语句也可以是程序段，在此不再赘述。

## 4.3 循环结构

循环结构是程序设计中非常重要的一种程序结构，通常由 for 语句、while 语句和 do…while 语句来实现，下面对三种语句构成的循环结构进行详细阐述。

### 4.3.1 for 循环

for 语句构成的循环结构主要应用在循环次数特定的场合，如要进行 N(N 为某一特定整数) 次循环。语法格式如下所示：

```
for(int i=n;i<=N;i++)      //n 为 i 的初始值
{
    语句 A;
    语句 B;
    …
}
```

【例 4-4】求 1+2+3+…+99+100 的和。

```
int sum = 0;
for (int i=1; i <= 100; i++)
    sum += i;
Console.WriteLine(sum);
```

【例 4-5】求 1 到 100 之间所有奇数的和。

```
int sum = 0;
for (int i=1; i <= 100; i+=2)
    sum += i;
Console.WriteLine(sum);
```

和 C 语言不同的是，for 后括号内的三个部分缺一不可，都不能省略。

### 4.3.2 while 循环和 do…while 循环

while 语句和 do…while 语句构成的循环结构主要应用在循环次数不确定的情况下，多数是根据逻辑变量的值来判断循环是否要继续执行。语法结构如下所示：

```
while(express)
{
    语句 A;
    语句 B;
    …
}
```

和

```
do
{
    语句 A;
    语句 B;
    …
}while(express);
```

不管是 while 语句也好，do…while 语句也好，循环体中都要有改变表达式 express 的值的语句，避免陷入死循环。

【例 4-6】用 while 语句求 $2^n$。

```
int i = 1, n, total=1;
n = int.Parse(Console.ReadLine());
while (i <= n)
{
    total *= 2;
    i++;
}
Console.WriteLine(total);
```

【例 4-7】用 do…while 语句求 $2^n$。

```
int i = 1, n, total=1;
n = int.Parse(Console.ReadLine());
do
{
    total *= 2;
    i++;
} while (i <= n);
    Console.WriteLine(total);
```

从以上 $2^n$ 的实现问题可以看出，不管 while 语句也好，do…while 语句也好，都能够成功实现，while 语句和 do…while 的根本的区别在于 while 语句的循环体可能一次也不执行。

例如：

```
int i=1;
while(i<1)
{
   Console.WriteLine("此语句将不被执行！");
}
```

而

```
int i=1;
do
{
   Console.WriteLine("此语句将被执行1次！");
}while(i<1);
```

while 语句、do…while 语句和 for 语句构成的循环结构的最大区别在于：用 for 语句实现的循环结构用 while 语句或者 do…while 语句都可以实现，但是用 while 语句或者 do…while 语句实现的循环结构用 for 语句不一定能实现。

### 4.3.3 循环的嵌套

循环语句往往嵌套使用。例如，定义一个二维数组并给其每一个元素赋值：

```
int n,N;
n=int.Parse(Console.ReadLine());
N=int.Parse(Console.ReadLine());
int[][] arr=new int[n][N];
for(int i=0;i<=n;i++)
   for(int j=0;j<=N;j++)
         arr[i][N]=int.Parse(Console.ReadLine());
```

**【例 4-8】**打印 9*9 乘法口诀表。

```
for(int i=1;i<=9;i++)
{
   for(int j=1;j<=i;j++)
      Console.Write("{0}*{1}={2}  ",i,j,i*j);
```

```
        Console.WriteLine();
    }
```

值得注意的是，通过循环语句的相互嵌套往往能够达到意想不到的效果，但是切忌循环语句嵌套层次过多，嵌套过多会使程序杂乱无章，可读性降低。

### 4.3.4 foreach 循环

foreach 循环主要用来遍历数据对象中的所有数据元素。如：

```
int[] arr = new int[5];
for(int i=0;i<5;i++)
    arr[i]=int.Parse(Console.ReadLine());
foreach (int T in arr)
    Console.WriteLine(T);
```

以上程序段定义了一个整型数组，然后通过 for 循环对数组元素进行了赋值，最后使用 foreach 循环输出了每个数组元素的值。

在使用 foreach 循环时应当注意，在上例中首先定义了一个整型变量 T，因为数组 arr 中的每个元素都为整型，然后使用 in 关键字指出了要读取的源数据，这样依次将数组中的每个元素读到变量 T 中并输出。

## 4.4 异 常 处 理

### 4.4.1 异常处理机制

C#提供了一套完善的异常处理机制，其基本的语法格式如下所示：

```
try
{
   主程序…
}
catch(Exception e)
{
   异常信息输出…
}
finally
{
   始终要执行的程序段…
}
```

通常情况下，try 语句和 catch 语句部分必须存在，用来执行要运行的程序段和捕获程序段中出现的异常，而 finaly 语句视具体情况而定，通常情况下省略不写。

例如：

```
int[] arr=new int[5];
try
{
```

```
        for(int i=0;i<=5;i++)
            arr[i]=int.Parse(Console.ReadLine());
    }
    catch(Exception e)
    {
        Console.WriteLine(e.Message .ToString ());
    }
```

程序运行会给出“索引超出了数组界限”的异常提示。

VS 开发环境为我们定义了丰富的异常提示信息，基本上能够满足我们日常程序处理的需要，但是，有时候为了个性化程序的需要，我们也可以自定义相应的异常信息。

## 4.4.2 创建和引发异常

异常的创建和引发实际上就是所谓的异常抛出和捕获机制，在 4.4.1 小节的程序中实际上就已经使用了异常的抛出和捕获，本小节中着重介绍自定义异常的抛出和捕获。

【例 4-9】有一选择题，只能通过键盘输入 A～D 四个答案中的一个，如果选择了其它答案，给出出错提示，并为出错提示自定义异常。

```
using System;

namespace ExceptionExample
{
    class Program
    {
        static void Main(string[] args)
        {
            string Key = Console.ReadLine();
            try
            {
                switch (Key)
                {
                    case "A":
                        Console.WriteLine("你选择了答案A");
                        break;
                    case "B":
                        Console.WriteLine("你选择了答案B");
                        break;
                    case "C":
                        Console.WriteLine("你选择了答案C");
                        break;
                    case "D":
                        Console.WriteLine("你选择了答案D");
```

```
                break;
            default:
                throw new exception("只能从答案A-D中选择！");
        }
    }
    catch (exception ex)
    {
        Console.WriteLine(ex.message.ToString());
    }
    Console.ReadKey();
}
public class exception : Exception
{
    public string message;
    public exception(string msg)
    {
        message = msg;
    }
}
}
}
```

在以上程序段中定义了两个类，一个是系统自动生成的 program 类，另一个则是自定义的 exception 异常类，此类继承自系统类 Exception，包含一个字段和一个构造函数，关于类的详细内容将在下一章中详细讨论。而在 program 类中，主程序 switch 语句的 default 分支中，通过 throw 关键字抛出了一个异常，异常信息为“只能从答案 A-D 中选择！”。

## 习 题 4

1．编写一程序，输出 100～999 之间的所有水仙花数。
2．编写一程序实现磁盘分区模拟器。
3．编写一程序实现冒泡排序算法。
4．从键盘输入一段字符，统计某一字符在其中出现的次数。

# 第5章　面向对象程序设计

整个物质世界是由万事万物构成的，构成物质世界的每一个个体称为一个对象，许许多多的个体根据其特征又可归结为许多个类别。面向对象程序设计的本质特征在于用类和对象的概念来描述整个物质世界，使程序设计的思想和现实世界融会贯通，以达到来源于生活、服务于生活的目的。

## 5.1　面向对象程序设计的基本概念

面向对象程序设计(Object Oriented Programming，OOP)，是一种计算机编程架构。OOP 的一条基本原则是计算机程序是由单个能够起到子程序作用的单元或对象组合而成的。OOP 达到了软件工程的三个主要目标：重用性、灵活性和扩展性。为了实现整体运算，每个对象都能够接收信息、处理数据和向其它对象发送信息。

第一种面向对象语言是 Simula67 语言，它引入了数据抽象和类的概念。后来出现的 Object-C、C++、Java、C#都是面向对象的程序语言。面向对象出现以前，结构化程序设计是程序设计的主流，结构化程序设计又称为面向过程的程序设计。在面向过程的程序设计中，问题被看作一系列需要完成的任务，函数用于完成这些任务，解决问题的焦点集中于函数。函数是面向过程的，它关注如何根据规定的条件完成指定的任务。随着面向对象语言的产生，面向对象程序设计也应运而生。面向对象程序设计中的概念主要包括：对象、类、数据抽象、继承、动态绑定、数据封装、多态性、消息传递。通过这些概念面向对象的思想得到了具体的体现。

面向对象程序设计是一种把面向对象的思想应用于软件开发过程中，指导开发活动的系统方法，是建立在“对象”概念基础上的方法学。对象是由数据和容许的操作组成的封装体，与客观实体有直接对应关系，一个对象类定义了具有相似性质的一组对象。所谓面向对象就是基于对象概念，以对象为中心，以类和继承为构造机制，来认识、理解、刻画客观世界和设计、构建相应的软件系统。

## 5.2　类和对象

类是一个相对抽象的整体概念，是若干个具有相同特征的个体的集合，从整体上来抽象地说明事物的特征。比如说人类，给人的第一感觉就是会劳动，能发明创造；会说话，可能会讲多种语言；长有头、胳膊、身子、腿等。

对象是对某一具体个体特征的描绘，是一个具体的概念，除具备类所描绘的特征外还可能具有自己的特征。比如说某一具体的人，有性别、身高、体重、容貌等特征，描绘的是一些看得见摸得着的具体东西。

类与对象存在如下关系：

(1) 类可能存在有子类，比如说鱼类，那么又可以分为金鱼类、鲤鱼类、鲶鱼类、草鱼类等；对象不可再分，在面向对象的程序设计中，对象描述的是原子级的客观事物。

(2) 每一个子类或者对象都有其对应的唯一父类。

### 5.2.1 类的声明

**1. 普通类**

类使用 class 关键字进行声明。语法格式如下所示：

```
class 类名
{
    字段…
    属性…
    函数…
    方法…      //字段、属性、函数、方法等出现不分先后顺序
}
```

类使用 class 关键字后跟类名进行声明，在类的声明中可以定义类的字段、属性、函数、方法等。

【例 5-1】定义一个 Person 类，并对其定义字段 name、age 和方法 SayHello()。

```
class  Person
{
    string name;
    int age;
    public Person()
     {
       …
     }
     public void SayHello()
     {
         Console.WriteLine("Say hello!");
     }
  }
```

以上程序段声明了一个 Person 类，包括 name 和 age 两个字段、一个构造函数和一个 SayHello()方法。

在进行类的定义时，还可以附加 static、abstract 关键字，分别用来定义静态类和抽象类。

**2. 静态类**

静态类使用关键词 class 前加 static 进行声明。

【例 5-2】定义一个 Person 静态类，并对其定义静态字段 name、age 和静态方法 SayHello()。

```
static class  Person
{
   static string name;
```

```
    static int age;
    public static void SayHello()
    {
        Console.WriteLine("Say hello!");
    }
}
```

但是，必须指出的是，在静态类的声明中，只能出现静态的字段、属性或者方法。

**3．抽象类**

抽象类声明使用 class 关键词前加 abstract 来实现。

【例 5-3】定义一个 Person 抽象类，并对其定义字段 name、age 和抽象方法 SayHello()。

```
abstract class  Person
{
    protected string name;
    protected int age;
    protected  void SayBye()
    {
        Console.WriteLine("Say bye");
    }
    public abstract void SayHello();
}
```

在抽象类的声明中，可以出现普通类声明的所有内容，除此之外，还可以出现抽象的方法。由于抽象类只是作为父类存在，因此，出现的抽象方法只有方法名而没有方法体，方法具体要完成的功能靠继承它的子类去重写，除非它的子类也是抽象类，否则抽象类中定义的抽象方法必须被重写。例如 Person 类的子类 Student 类重写抽象方法 SayHello()的情况：

```
class Student  : Person
{
    public override void SayHello()
    {
        Console.WriteLine("My name is Jack");
    }
}
```

有关类的继承的相关内容将在后面章节中介绍。

在进行类的声明时必须注意以下几点：

(1) 普通类中可以定义静态字段和静态方法。

(2) 静态类中只能出现静态字段和静态方法。

(3) 静态类不能被实例化。

(4) 抽象方法只能出现在抽象类中，抽象方法的定义只出现方法名而没有方法体(即使空方法体也不行)，方法要实现的功能靠其子类来实现。

### 5.2.2 对象的声明

对象声明使用 new 关键字来实现。其基本语法格式为：

类名 对象名=new 类名();

例如，要声明一个 Person 类的对象：

```
Person p = new Person();
```

其中，Person 为已定义的类，p 为要声明的对象的对象名称，Person()为已声明的 Person 类的构造函数。类是面向对象程序设计中最为重要的一种数据类型，此处有关类的声明实际上就是定义了一个 Person 类型的变量，并通过类的构造函数对变量进行了赋值。因此，我们也可以这样声明一个对象：

```
Person p;
p=new Person();
```

或者

```
Person p;
```

只声明一个对象变量而不给其赋值。

有关构造函数的相关内容将在后续章节中进行介绍。

## 5.3 字 段

字段的定义采取字段类型+字段名的方式进行。例如：

```
class  Person
{
    …
    private string name;
    private int age;
    …
}
```

以上我们定义了两个字段，分别是 name 和 age，在进行字段定义时为了保护字段数据的安全性，通常添加 private 访问修饰符来限定对字段的访问。

## 5.4 属 性

字段与属性没有本质的区别，添加了 private 访问修饰符的字段安全性虽然得到了提高，但是访问却受到了限制，为了解决对字段的访问问题，我们引入了属性的概念，类的属性实际上就是字段在类外部的客观表示。

### 5.4.1 属性的声明

在已声明好的字段上单击右键，依次选择重构→封装字段后会弹出如图 5-1 所示的封装字段对话框。

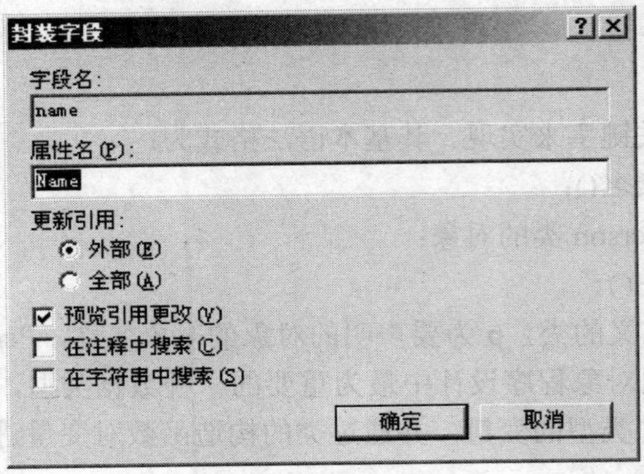

封装字段

字段名：name

属性名(P)：Name

更新引用：

外部(E)

全部(A)

预览引用更改(V)

在注释中搜索(C)

在字符串中搜索(S)

确定 取消

图 5-1　封装字段对话框

在此我们可以为字段 name 添加属性名，以用于外部对此字段进行访问，单击确定后，我们将会发现在原来已定义的 name 字段后又出现了一个名为 Name 的属性，包括 get 和 set 两个部分，分别用来对字段进行读写访问。如下所示：

```
private string name;
public string Name
  {
      get { return name; }
      set { name = value; }     //此处value为要给name字段赋的值
  }
```

此时，在类的外部，对字段 name 的任何操作我们都将通过对属性 Name 的操作来完成。get 用来读取字段 name 的值，set 用来设定字段 name 的值。如果在属性的声明中只出现 get 或者 set 操作，那么说明这个属性是只读或者只写的。例如：

```
private string name;
public string Name
  {
      get { return name; }
  }
```

或者

```
private string name;
public string Name
  {
      set { name = value; }
  }
```

这时候，属性 Name 在使用中只能是只读或者只写的。

我们还可以对 get 或者 set 操作做进一步的修改，使其更符合我们的需要。

**【例 5-4】**定义一个 Person 类，并为其定义一个字段 age，对 age 字段进行封装，并对封装后字段 get、set 读写器进行自定义。

```
private int age;
public int Age
```

```
{
    get { return age; }
    set
    {
        if (value >= 18)
            age = value;
        else
            age = 18;
    }
}
```

程序运行过程中我们可以对属性 Age 进行赋值，但是，若赋值大于等于 18，Age 属性的值即为所赋的值，否则，Age 属性的值即为 18。

我们还可以做如下的修改：

```
private int age;
public int Age
{
    get { return 18; }
    set
    {
        if (value >= 18)
            age = value;
        else
            age = 18;
    }
}
```

此时，无论怎么对 Age 属性进行赋值，看到的 Age 属性的值始终为 18。

### 5.4.2 属性的访问

属性的访问可以通过“对象名.属性名”的方式来完成。为了访问属性，我们首先定义如下类的属性：

```
class Person
{
    private string name;
    public string Name
    {
        get { return name; }
        set { name = value; }
    }
    private int age;
    public int Age
```

```
    {
        get { return age; }
        set { age = value; }
    }
}
```

在 Main 主函数中使用如下方式对属性进行访问：

```
Person p = new Person();
p.Name = "Mack";
p.Age = 18;
Console.WriteLine("Name:{0},Age:{1}", p.Name, p.Age);
```

## 5.5 方 法

方法一般是指为实现某一特定功能而在要定义的类内部组织的特定程序段。

### 5.5.1 方法的定义及调用

方法的定义有访问修饰符、返回值类型、方法名和参数等几部分，语法格式如下所示：

访问修饰符 数据类型 方法名(参数类型 参数名，参数类型 参数名…)

【例5-5】定义一个Person类，为其定义一个SayHello方法，输出实例化后对象的名字。

```
class  Person
{
    …
    public void SayHello(string name)
    {
        Console.WriteLine("Hello,my name is {0}",name);
    }
    …
}
```

在类 Person 内部定义了方法 SayHello()，可访问区域为整个解决方案，void 表明此方法无返回值，SayHello 为方法名，带有一个字符串型参数 name。

方法定义后可以在 Main 函数内部使用所属类的实例对象去运行此方法。比如：

```
Person p = new Person();
p.SayHello("Mack");
```

### 5.5.2 方法的参数类型

在进行方法定义时，方法的参数可以有多个，类型可以使用所有任何数据类型。例如：

```
class  Person
{
    …
    public void SayHello(string name,int age,object obj)
```

```
    {  …
    }
    …
}
```

在以上的方法定义中使用了三个参数，分别为字符串型、整型和对象型，各参数间用“,”隔开。当然，方法也可以没有任何参数，如：

```
class  Person
{
    …
    public void SayHello()
    {
        Console.WriteLine("Hello,my name is Mack");
    }
    …
}
```

### 5.5.3 方法的重载

在进行方法定义时，我们可以同时定义多个方法名相同的方法，但是，它们之间必须有所区别，或者是参数个数不同，或者是参数类型不同。

【例 5-6】定义一个 Person 类，为其构造多个不同的 SayHello 方法。

```
class  Person
{
    private string name;
    private int age;
    private string tel;

    public void SayHello(string Name)
    {
        Console.WriteLine("Hello,my name is {0}", Name);
    }
    public void SayHello(string Name,int Age)
    {
        Console.WriteLine("Hello,my name is {0},age is {1}", Name,Age);
    }
    public void SayHello(string Name, string Tel)
    {
        Console.WriteLine("Hello,my name is {0},tel is {1}", Name, Tel);
    }
}
```

在以上的程序段中，分别定义了三个方法名相同的方法，但是参数分别为：一个字符串型参数；两个参数，一个为字符串型，另一个为整型；两个参数都为字符串型。在 Main()主函数中可以分别使用下列方式调用不同的方法：

```
Person p = new Person();
p.SayHello("Mack");
p.SayHello("Mack", 18);
p.SayHello("Mack", "1234567");
```

那么，这样一种根据方法参数个数不同或者参数个数相同而类型不同自动选择不同的方法进行调用的方式就称为方法的重载。方法重载为我们提供了一种定义方法更简洁方便的方式，有利于我们更高效地进行方法的定义和调用。

### 5.5.4 静态方法与非静态方法

在以上各节中我们所定义的方法都是非静态方法，非静态方法的调用必须首先实例化类对象，然后使用实例化的对象去调用。如：

```
class  Person
{
    …
    public void SayHello(string Name)
    {
        Console.WriteLine("Hello,my name is {0}", Name);
    }
    …
}
```

那么，为了使用类方法，我们必须首先在 Main()主函数中对类进行如下实例化：

```
Person p = new Person();
```

然后使用实例化后的对象 p 执行相应的方法：

```
p.SayHello("Mack");
```

非静态方法使用起来比较灵活，可以根据不同的环境进行灵活的选择。但是，有时候有一些固定不变的方法，任何对象去运行都会得到相同的结果，跟具体的对象已没有太大的关系。对于这一类方法，如果为了使用它们先去实例化一个对象，然后再去调用方法显得比较麻烦，为了达到简化编程的目的，我们可以将此类方法定义为静态方法。如：

```
class  Person
{
    …
    Public static void SayHello()
    {
        Console.WriteLine("Hello! ");
    }
    …
}
```

静态方法的定义是在方法名前加 static 修饰符。一个方法，一旦被定义为静态方法，在使用此方法时我们可以直接使用类名调用，简化了方法的调用程序。如：

```
Person.SayHello();
```

静态方法在具体的编程中也有着广泛的应用。

### 5.5.5 访问修饰符

在进行字段、方法的声明时，通常还会出现 pubic、static、internal 和 protected 附加访问修饰符，用来限定属性的访问域。如：

```
class  Person
{
    public string name;
    private int age;
    public void SayHello()
    {
        …
    }
    …
}
```

此时，name 属性可在整个解决方案中进行访问，而 age 只能在本类的定义内部使用。以上四种访问修饰符修饰的变量的可访问区域分别为：

(1) public 修饰的变量可在当前解决方案的任何地方进行访问。

(2) private 修饰的变量只能在当前被定义的类内部使用。

(3) internal 修饰的变量只能在当前项目中被访问。

(4) protected 修饰的变量只能在本类和它的子类中被访问。

因此，我们可以将以上访问修饰符分别划分为解决方案级访问修饰符(public)，项目级访问修饰符(internal)和类级访问修饰符(static 和 protected)。

## 5.6 构造函数和析构函数

### 5.6.1 构造函数

构造函数是为实例化对象而在类内部定义的函数，主要用来对类的信息进行初始化。构造函数必须与类同名，通常使用 public 访问修饰符来修饰。例如：

```
class  Person
{
    …
    public Person()
    {
    }
    …
}
```

以上程序段为类定义了一个无参的构造函数，也可以为类定义有参的构造函数。如：

```
class  Person
{
    …
    string name;
    public Person(string Name)
    {
        name = Name;
    }
    …
}
```

还可以为类定义有多个参数的构造函数。如：

```
class  Person
{
    private string name;
    private int age;
    public Person(string Name,int Age)
    {
        name = Name;
        age = Age;
    }
}
```

也可以为类同时定义多个构造函数。如：

```
class  Person
{
    private string name;
    private int age;
    public Person()
    {
    }
    public Person(string Name)
    {
        name = Name;
    }
    public Person(string Name,int Age)
    {
        name = Name;
        age = Age;
    }
}
```

在有多个构造函数同时出现时，将使用方法重载的方式进行构造函数选择。

在没有任何自定义的构造函数出现时，系统默认为类添加一个不带任何参数的构造函数。如：

```
class  Person
{
    private string name;
    private int age;
}
```

实例化对象时可以使用系统构造的构造函数进行实例化，如：

```
Person p = new Person();
```

但是，一旦有自定义的构造函数出现，系统默认的构造函数无效，此时将不能再使用系统默认的构造函数实例化对象。如：

```
class  Person
{
    …
    string name;
    public Person(string Name)
    {
        name = Name;
    }
    …
}
```

在这种情况下若再使用 Person p = new Person()实例化对象，系统将会提示找不到构造函数的错误。此时我们可以使用如下方式实例化对象：

```
Person p = new Person( “Mack” )
```

这样我们将会实例化一个 name 值为 Mack 的对象。

### 5.6.2　析构函数

使用析构函数的目的在于及时释放系统资源，默认情况下由系统定义和运行。我们也可以自定义析构函数，析构函数的定义采取在类名前加“~”的方式来实现。如：

```
class  Person
{
    …
    ~Person()
    {
    }
    …
}
```

即使是自定义的析构函数也不能人为调用，程序运行结束时系统会自动调用析构函数来释放系统资源。

# 5.7 继承和多态

## 5.7.1 继承

继承作为类的最主要特性之一，很好地体现了类与类、类与对象之间的联系。继承通过以下方式来实现：

```
class 父类名
{
    …
}
class 子类名:父类名
{
    …
}
```

例如：

```
class  Person
{
    protected string name;
    private int age;
    public void SayAge(int Age)
    {
        Console.WriteLine("My age is {0}",Age );
    }
}
class Student : Person
{
    //...
    public void SayName(string Name)
    {
        name = Name;
        Console.WriteLine("My name is {0}",name);
    }
}
```

以上程序段定义了一个父类 Person 和一个子类 Student，Student 类继承自 Person 类。类实现继承后，除父类中使用 private 修饰符修饰的字段和方法外，子类可以使用父类的所有内容。

但是，应当指出的是，类只能实现单继承，也就是说所有的子类只能有一个父类。

## 5.7.2 多态

多态体现了对象独特的个性，同一方法，不同的对象调用会实现不同的功能。如：

```
class  Person
```

```
    {
        //...
        public void SayHello()
        {
            Console.WriteLine("Hello,this isn't a virtual method!");
        }
        public virtual void Say()
        {
            Console.WriteLine("This is a virtual method!");
        }
        //...
    }
    class Student : Person
    {
        //...
        public void SayHello()
        {
            Console.WriteLine("Hello!");
        }
        public override void Say()
        {
            Console.WriteLine("I am a student!");
        }
        //...
    }
```

以上程序段定义了一个父类 Person 和一个子类 Student，父类中定义了一个普通方法和一个虚方法。

虚方法使用修饰符 virtual 进行定义，语法格式如下：

```
访问修饰符 virtual 返回值类型 方法名()
{
    方法体...
}
```

虚方法和抽象方法非常相似，一般都只出现在父类中，用于子类对方法进行重写。例如：

```
class  Person
{
    //...
    public virtual void Say()
    {
        Console.WriteLine("This is a virtual method!");
    }
    //...
```

```
    }
    class Student : Person
    {
        //...
        public override void Say()
        {
            Console.WriteLine("I am a student!");
        }
        //...
    }
```

在子类中重写父类中的方法仍然使用关键字 **override**，和抽象方法不同的是，父类中定义的虚方法子类中不一定必须重写。

在 Main 主函数中我们使用如下方法对类中定义的方法进行调用：

```
Student s = new Student();
Person p = s;
p.SayHello();
p.Say();
```

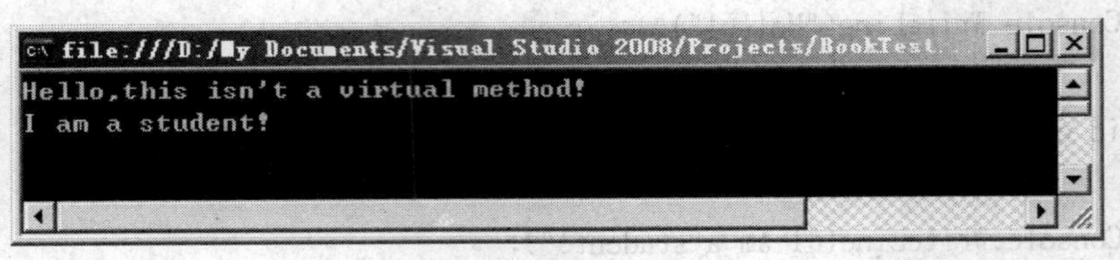


图 5-2　运行结果

运行结果如图 5-2 所示。

如果说普通方法体现的是类的不变的特性，那么多态体现的正是类的善变的特性。父类定义的虚方法经子类重写后变成了自己的方法，不管在什么地方调用，体现的都是子类自己的特征。

## 5.8　接　口

接口描述的是可属于任何类或结构的一组相关功能。接口可由方法、属性、事件、索引器或这四种成员类型的任意组合构成。接口不能包含字段。接口成员一定是公共的。

接口的方便之处在于我们只关心接口的实现而不关心接口内部到底包含什么内容，就如主机与显示器的接口一样，我们并不关心主机是怎么工作的，显示器是怎么进行显示的，只要它们提供了统一的接口，我们就可以使用它们来一起工作。同时，接口也给我们修改程序提供了方便，相关程序只要提供了统一的接口，至于程序内部到底是怎么写的，怎么去修改都没有太大的关系。接口只是提供了一个被继承的模版。

### 5.8.1　接口声明

我们使用 interface 来声明一个接口，其基本语法格式如下：

interface 接口名称

```
{
    …
}
```

接口名称通常以大写字母“I”开头。例如：

```
interface IA
{
    …
    void Method1();
    void Method2();
    …
}
```

类似于抽象类中的抽象方法，接口中定义的方法也只有方法名而没有方法体，为子类的继承提供了统一的方法名，实现接口的子类必须完成接口方法的实现，除非该子类是抽象类。

### 5.8.2 接口继承

接口是用来继承的。和类不同，接口可以实现多继承，即：一个接口可以继承多个接口，一个类可以继承多个接口，这是接口与类最本质的区别。例如：

```
interface IA
{
    void Method1();
    void Method2();
}
interface IB
{
    void Method3();
}
interface IC:IA
{
    void Method4();
}
class A
{
   // ...
}
class B:A,IB ,IC
{
    //...
 }
```

在以上程序段中，接口IC继承了接口IA，类B继承了类A和接口IB、IC，实际上间接地继承了IA。

### 5.8.3 接口实现

继承接口的子类必须对接口进行实现。例如在如上定义的接口中，子类 B 实现接口的方式如下：

```
class B:A,IB ,IC
{
    public void Method1()
    {
        ...
    }
    public void Method2()
    {
        ...
    }
    public void Method3()
    {
        ...
    }
    public void Method4()
    {
        ...
    }
}
```

和虚方法、抽象方法不同的是，子类中对接口方法的重写不再需要使用关键词 override，而是直接改写。还应当注意的是，子类中对接口的实现方法必须是公共的，即方法由修饰符 public 来修饰。

以下给出一个完整的接口实现的例子供大家参考。

【例 5-7】使用接口，输出长方体的宽和高。

```
interface IStyle
{
    float getLength();
    float getWidth();
}
class Box : IStyle
{
    float lengthInches;
    float widthInches;
    public Box(float length, float width)
    {
        lengthInches = length;
        widthInches = width;
```

```
    }
    public float getLength()
    {
        return lengthInches;
    }
    public float getWidth()
    {
        return widthInches;
    }
}
class Display
{
    public void getWidthAndgetLength(IStyle _style)
    {
        Console.WriteLine("Length:{0}", _style.getLength());
        Console.WriteLine("Width:{0}", _style.getWidth());
    }
}
class Program
{
    static void Main(string[] args)
    {
        Box box = new Box(30.0f, 20.0f);
        Display dis = new Display();
        IStyle style = (IStyle)box;
        dis.getWidthAndgetLength(style);
        Console.ReadKey();
    }
 }
```

## 习 题 5

1. 简述普通类、静态类和抽象类的异同。
2. 简述访问修饰符 pubulic、internal、protected 和 private 的异同。
3. 定义一个学生类(包括姓名、性别、出生年月、家庭住址、联系电话等信息)，定义一个动态数组，当学生来报到时，实例化一个学生对象，然后将学生存储到动态数组中，报到结束时，按键盘“z”键退出系统，输出报到学生信息。

# 第6章　集合与泛型

## 6.1　引例 ArrayList

ArrayList 与数组很类似，因此又称其为数组列表。ArrayList 是可以很直观地动态维护的，数组的容量是固定的，ArrayList 的容量可以根据需要自动扩充，它的索引会根据扩展进行分配和调整。ArrayList 可以使用类提供的方法，进行遍历、增加、删除元素的操作，实现对集合的动态访问。

ArrayList 类来自于 System.Collection 命名空间，因此在使用 ArrayList 之前一定要引入该命名空间。ArrayList 有一个重要属性 Count，该属性用于获取集合元素的数目，同时用于验证对 ArrayList 的插入或删除等操作是否成功。表 6-1 列举了 ArrayList 类常用的属性和方法。

表 6-1　ArrayList 类常用的属性和方法

| 属　性 | 说　明 |
|---|---|
| Count | 获取集合中实际包含的元素的个数 |
| 方　法 | 说　明 |
| Add | 将元素添加到集合的末尾 |
| RemoveAt | 移除集合中指定索引处的元素 |
| Remove | 从集合中移除特定值的第一个匹配项 |
| Clear | 清空集合中的所有元素 |

下面分别介绍定义、插入、删除、存取、遍历 ArrayList 的方法。

### 1．定义 ArrayList

下面的代码可以定义一个 ArrayList，有两种方式，一种是有参的用于指定容量，另一种是无参的不指定容量。例如：

```
using System.Collections;
…
ArrayList students = new ArrayList(10);
ArrayList teachers = new ArrayList();
```

ArrayList 与数组的另一区别在于声明一个数组时可以直接赋值，但是在声明一个 ArrayList 时必须进行实例化。

### 2．给 ArrayList 添加元素

C#中为 ArrayList 添加元素的方法是 Add(Object value)，参数就是欲添加的元素。

Add()方法的原型是：

public int Add(Object value);

如果欲添加的元素是值类型，则会被转换为 object 引用类型然后保存。因此 ArrayList 中的所有元素都是对象的引用。Add()方法的返回值是一个 int 整型，用于返回所添加的元素的索引，该方法将对象插入到 ArrayList 集合的末尾。例如：

```
Student zhang = new Student("ZhangSan");
Student wang = new Student("WangWu");
Student chen = new Student("ChenLiu");
students.Add(zhang);
students.Add(wang);
students.Add(chen);
```

### 3. 存取 ArrayList 中的单个元素

与数组很类似，ArrayList 获取单个元素的方法也是通过索引访问。ArrayList 中第一个元素的索引是 0。由于任何添加进 ArrayList 中的元素都会转换为 Object 类型，因此在访问集合中的这些元素时必须把它们转换回本身的数据类型。例如：

```
Student stu1 = (Student)students[0];
Student stu2 = (Student)students[1];
Student stu3 = (Student)students[2];
```

### 4. 删除 ArrayList 中的元素

删除 ArrayList 的元素有 3 种方式：

(1) 通过 RemoveAt(int index)方法删除指定索引的元素。

(2) 通过 Remove(object value)方法删除一个指定对象名的元素。

(3) 通过 Clear()方法清空集合中的所有元素。

ArrayList 添加和删除元素都会使剩余元素的索引自动改变，当删除集合中前面两个元素后，再获取删除后的第一个元素，此时该元素的索引已由原来的索引 2 变成了索引 0。RemoveAt()和 Remove()方法只能删除单个元素，Clear()方法可以删除集合中的所有元素，当执行 Clear 操作时，Count 属性被设置为 0。例如：

```
students.RemoveAt(0);
students.Remove(wang);
students.Clear();
```

### 5. 循环遍历 ArrayList

遍历 ArrayList 中的元素可以通过 for 循环和 foreach 循环两种方式。

for 循环是利用 ArrayList 的 Count 属性作为循环次数，再利用索引循环遍历的每一个元素。

foreach 循环通过对象访问，逐个遍历每一个对象，循环体中再把每个对象转换回自身的类型。例如：

```
for(int i=0;i<students.Count;i++)
{
 Student stu = (Student)students[i];
```

```
    Console.WriteLine(stu.Name);
  }
  foreach(Object stuo in students)
  {
    Student stu = (Student)stuo;
    Console.WriteLine(stu.Name);
  }
```

【例 6-1】下面举例说明 ArrayList 方法的使用。

```
using System;
using System.Collections.Generic;
using System.Linq;
using System.Text;
using System.Collections;

namespace ArrayListExample
{
    class Student
    {
        public Student(string name)
        {
            Name = name;
        }

        string name;
        public string Name
        {
            get { return name; }
            set { name = value; }
        }
    }

    class Program
    {
        static void Main(string[] args)
        {
            ArrayList students = new ArrayList();

            Student zhang = new Student("ZhangSan");
            Student wang = new Student("WangWu");
            Student chen = new Student("ChenLiu");
```

```
            students.Add(zhang);
            students.Add(wang);
            students.Add(chen);

            Console.WriteLine("列表中共有{0}个学生。",students.Count);
            for (int i = 0; i < students.Count; i++)
            {
                Student stu = (Student)students[i];
                Console.WriteLine(stu.Name);
            }

            students.RemoveAt(0);

            Console.WriteLine("删除后，列表中还有{0}个学生。", students.Count);
            foreach (Object stuo in students)
            {
                Student stu = (Student)stuo;
                Console.WriteLine(stu.Name);
            }

            students.Remove(wang);

            Console.WriteLine("删除后，列表中还有{0}个学生。", students.Count);
            foreach (Object stuo in students)
            {
                Student stu = (Student)stuo;
                Console.WriteLine(stu.Name);
            }

            students.Clear();

            Console.WriteLine("删除后，列表中还有{0}个学生。", students.Count);

            Console.Read();
        }
    }
}
```

本例的运行结果如图 6-1 所示。

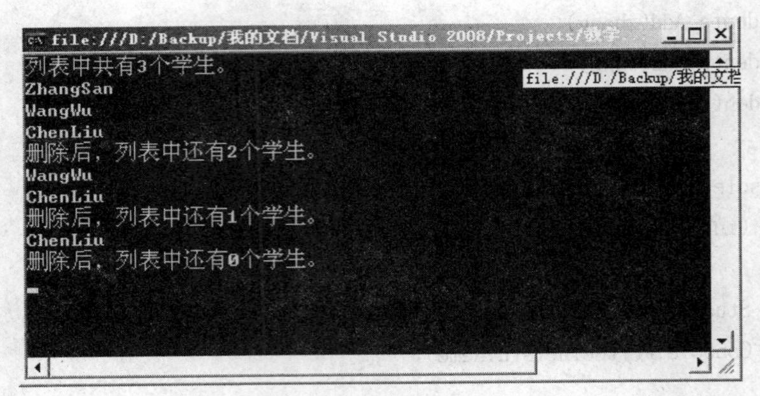


图 6-1　ArrayList 示例运行结果

## 6.2　泛型集合 List<T>

List<T>是 ArrayList 的泛型版本，它的用法和 ArrayList 很类似，不同点在于 List<T>有很大程度的类型安全性。仍以例 6-1 为例，现在假如有一个 Teacher 类，实例化一个 Teacher 对象 liu，该对象是可以加入 students 列表的，原因在于 ArrayList 对加入集合中的元素不作类型检查，任何类型的对象加入集合后都被转换为 Object 类型，尽管不会出现编译错误，但当遍历该集合时，如果将集合中的成员统一转换回 Student 类型时，就会出现异常，原因是 students 列表中加入了非 Student 类型的对象。这种异常我们应及早在源头避免，而 List<T>就能满足我们的需要。

List<T>中的 T 可以对集合中元素的类型进行约束，定义 List 时将 T 替换成实际的类型。

**【例 6-2】**下面举例说明 List<T>的操作方法。

```
using System;
using System.Collections.Generic;
using System.Linq;
using System.Text;
using System.Collections;

namespace ArrayListExample
{
    class Student
    {
        public Student(string name)
        {
            Name = name;
        }

        string name;
```

```
        public string Name
        {
            get { return name; }
            set { name = value; }
        }
    }

    class Program
    {
        static void Main(string[] args)
        {
            List<Student> students = new List<Student>();
            Student zhang = new Student("ZhangSan");
            Student wang = new Student("WangWu");
            Student chen = new Student("ChenLiu");

            students.Add(zhang);
            students.Add(wang);
            students.Add(chen);

            Console.WriteLine("列表中共有{0}个学生。",students.Count);
            for (int i = 0; i < students.Count; i++)
            {
                Student stu = students[i];
                Console.WriteLine(stu.Name);
            }

            students.RemoveAt(0);

            Console.WriteLine("删除后，列表中还有{0}个学生。", students.Count);
            foreach (Student stuo in students)
            {
                Console.WriteLine(stuo.Name);
            }

            students.Remove(wang);

            Console.WriteLine("删除后，列表中还有{0}个学生。", students.Count);
            foreach (Student stuo in students)
            {
```

```
                Console.WriteLine(stuo.Name);
            }

            students.Clear();

            Console.WriteLine("删除后，列表中还有{0}个学生。", students.Count);

            Console.Read();
        }
    }
}
```

该例的运行结果和例 6-1 的运行结果是一样的，但是对比程序可以看出，使用 List 与使用 ArrayList 相比，List 无需频繁地进行装箱拆箱，因而性能更佳。现在假如仍然要往 students 集合中加入一个非 Student 类型的对象，是会出现编译错误的，原因在于 List<Student>限制了加入集合的元素的类型。

表 6-2 列出了 List<T>和 ArrayList 的相同点和不同点。

表 6-2　List<T>和 ArrayList 的相同点和不同点

| 异同点 | List<T> | ArrayList |
|---|---|---|
| 不同点 | 对所保存的元素做类型约束 | 可以增加任何类型 |
| | 添加、读取元素无需装箱拆箱 | 添加、读取元素需要装箱拆箱 |
| 相同点 | 通过索引访问集合中的元素 | |
| | 添加元素方法相同 | |
| | 删除元素方法相同 | |

## 6.3　泛型集合 Dictionary<K,V>

ArrayList 使用索引访问其元素，但是这种方式我们必须了解集合中某个数据的位置，当 ArrayList 中的元素变化频繁时，要跟踪某个元素的下标就比较困难了。如果有一种集合能通过关键字访问某元素就方便得多了，C#中就提供了这样一种集合 HashTable，在 HashTable 中，每个元素都是一个键值对，键和值是一一对应的，通过键便可以找到相应的值，但这种集合同样不约束进入集合的元素的类型，同样需要装箱拆箱，C#中有没有 HashTable 的泛型版本呢？答案是肯定的，Dictionary<K,V>就是这样一种泛型集合，它具有泛型的全部特性，编译时检查类型约束，获取元素时无须类型转换，它存储数据的方式和 HashTable 类似，也是通过键值对来保存元素的。

Dictionary<K,V>中的 K 表示集合中键 Key 的类型，V 表示值 Value 的类型。定义一个 Dictionary<K,V>泛型集合的方法如下所示。例如：

```
Dictionary<Sting,Student> students = new Dictionary<String,Student>();
```

表 6-3 列举了 Dictionary<K,V>常用的属性和方法。

表 6-3　Dictionary<K,V>常用的属性和方法

| 属 性 | 说 明 |
|---|---|
| Count | 获取包含在 Dictionary 中的键值对的数目 |
| Keys | 获取包含在 Dictionary 中的键的集合 |
| Values | 获取包含在 Dictionary 中的值的集合 |
| 方 法 | 说 明 |
| Add | 将指定的键和值添加到字典中 |
| Remove | 从 Dictionary 中移除所指定的键的值 |

【例 6-3】下面举例说明 Dictionary<K,V>的操作方法。

```
using System;
using System.Collections.Generic;
using System.Linq;
using System.Text;
using System.Collections;

namespace DictionaryExample
{
  class Student
  {
    public Student(string name)
    {
      Name = name;
    }

    string name;
    public string Name
    {
        get { return name; }
        set { name = value; }
    }
  }

  class Program
  {
    static void Main(string[] args)
    {
      Dictionary<String, Student> students = new Dictionary<string, Student>();
      Student zhang = new Student("ZhangSan");
      Student wang = new Student("WangWu");
```

```
            Student chen = new Student("ChenLiu");

            students.Add(zhang.Name,zhang);
            students.Add(wang.Name,wang);
            students.Add(chen.Name,chen);

            Console.WriteLine("列表中共有{0}个学生。",students.Count);
            foreach (Student stuo in students.Values)
            {
                Console.WriteLine(stuo.Name);
            }

            students.Remove("ZhangSan");

            Console.WriteLine("删除后，列表中还有{0}个学生。", students.Count);
            foreach (String key in students.Keys)
            {
                Student stu = students[key];
                Console.WriteLine(stu.Name);
            }

            students.Clear();

            Console.WriteLine("清空后，列表中还有{0}个学生。", students.Count);

            Console.Read();
        }
    }
}
```

该例运行结果如图 6-2 所示。

```
file:///D:/Backup/我的文档/Visual Studio 2008/Projec...
列表中共有3个学生。
ZhangSan
WangWu
ChenLiu
删除后，列表中还有2个学生。
WangWu
ChenLiu
清空后，列表中还有0个学生。
```

图 6-2　Dictionary<K,V>示例运行结果

## 6.4　泛型的概念

C#1.0 最受诟病的一个方面就是缺乏对泛型的支持，泛型是 C#2.0 中及其以后版本的新特性。通过泛型可以定义类型安全的数据类型，它的最显著应用就是创建集合类，可以约束集合类内的元素类型。前面所介绍的 List<T>和 Dictionary<K,V>就是比较典型的泛型集合。

对比 List<T>和 ArrayList，对比 HashTable 和 Dictionary<K,V>，可以发现泛型有以下优点：一是类型安全，泛型集合对所存储的对象做了类型约束；二是泛型性能高，无须装箱拆箱。

泛型可以使类、结构、接口、委托和方法通过它们存储和操作的类型进行参数化。软件设计中涉及很多算法和数据结构，泛型的主要思想就是将算法和数据结构完全分离开来，使得一次定义的算法能够用于多种数据结构，从而实现代码的高度可重用性。

微软对泛型技术非常重视，泛型对于 C#而言有着重要的意义。它的重要性主要体现在以下方面：

(1) 解决了很多繁琐的操作问题，例如传统集合中获取元素需要大量的类型转换，不易控制程序的异常，而泛型集合无须类型转换，这样就使编程更加便捷。

(2) 提供了更好的类型安全性，泛型对于类型的约束非常严格，它可以控制我们在集合中对于不同类型的对象的非法使用，从而保证程序类型的安全。

(3) CLR 可以支持泛型，这样使得整个.NET 平台都能够使用泛型。

## 6.5　泛型的创建和使用

### 6.5.1　创建泛型

泛型提供了一种新的创建类型的机制，使用泛型创建的类型带有类型形参。下面的示例声明了一个带有类型形参 T 的泛型 Stack 类，其中类型形参在尖括号< >中指定并放置在类名后。Stack<T>的实例的类型由创建时所指定的类型确定，实例只存储该类型的数据而不进行数据类型转换。类型形参只起到占位符的作用，直到使用时才为其指定实际类型。例如：

```
public class Stack<T>
{
 T[] items;
 int count;
 public void Push(T item) {}
 public T Pop() {}
}
```

### 6.5.2　泛型类

现在用泛型来重写前例中的栈，将一个通用的数据类型 T 作为一个占位符，等待在实例化时用一个实际的数据类型代替。代码如下：

```
public class Stack<T>
{
 private T[] m_item;
 public T Pop() {}
 public void Push(T item) {}
 public Stack(int i)
 {
   this.m_item = new T[i];
 }
 }
```

可以看出，类的写法不变，只是引入了通用数据类型 T 就可以用于处理任何数据类型。该类的调用方法如下：

```
Stack<int> a = new Stack<int>(10);
a.Push(1);
int x = a.Pop();
Stack<String> b = new Stack<String>(10);
b.Push("abcd");
string s = b.Pop();
```

这个类和使用 object 实现的类的区别在于：它是类型安全的，它无须装箱拆箱。

### 6.5.3 泛型方法

泛型不仅能作用于类，也可以单独用在类的方法上，并可以根据方法参数的类型自动适应各种参数，这样的方法即为泛型方法。例如：

```
public class Stack2
{
 public void Push<T>(Stack<T> s,params T[] p)
 {
   foreach(T t in p)
   {
   s.Push(t);
  }
 }
}
```

上述代码扩展了前例 Stack 类的功能，可以一次将多个数据压入栈中。其中，Push 就是一个泛型方法，该方法的调用示例如下：

```
Stack<int> c = new Stack<int>(10);
Stack2 x = new Stack2();
x.Push(c,1,2,3,4,5);
string s = " ";
for(int i = 0; i < 5; i++)
```

```
{
  s += x.Pop().ToString();
}
```

## 习 题 6

1. 什么是泛型？泛型有什么优点？
2. 简述泛型集合与传统集合的异同。
3. Arraylist 类有哪些主要方法？请编程举例练习这些方法。
4. 请简述 List<T>和 ArrayList 的相同点和不同点。
5. Dictionary<K,V>类有哪些主要方法？请编程举例练习 Dictionary<K,V>类。

# 第7章　文件和XML

微软的.Net 框架为我们提供了基于流的 I/O 操作方式，这样就大大简化了开发者的工作。.Net 框架提供的 System.IO 命名空间，基本包含了所有和 I/O 操作相关的类，System.XML 命名空间提供处理 XML 的标准架构支援。

## 7.1　文件概述

文件是为了某种目的把数据系统地组织起来而构成的数据集合体。从实现角度看：文件往往与外部设备、磁盘上的文件联系在一起，也就是与计算机操作系统的文件联系在一起，人们往往需要加工处理各式各样的数据，连接各种各样的外部设备。

### 7.1.1　文件的定义

所谓文件是指存储在外部介质(如磁盘磁带)上数据的集合。操作系统是以文件为单位对数据进行管理的。文件的存储如图 7-1 所示。

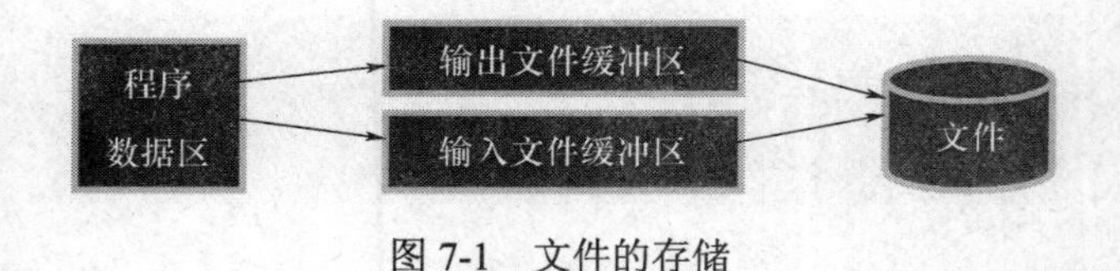


图 7-1　文件的存储

引入文件的作用是数据交流、保存和扩充内存容量。

### 7.1.2　文件的分类

按不同的分类标准可将文件分为以下几类：

(1) 按文件的编码方式(存储形式)可将文件分为文本文件和二进制文件。

(2) 按文件的读写方式可将文件分为顺序文件和随机文件。

(3) 按存储介质可将文件分为磁盘文件和设备文件。

(4) 按系统对文件的处理方法可将文件分为缓冲文件和非缓冲文件。

### 7.1.3　常用的文件操作类

文件是存储在外存上的数据的集合。操作系统是以文件形式对数据进行管理的。C#中对文件操作的类主要分为以下几种：

(1) File。提供创建、复制、移动和打开文件的静态方法，并协助创建 FileStream 对象。

(2) Directory。提供创建、复制、移动和打开目录的静态方法。

(3) Path。对包含文件或目录路径信息的字符串执行操作。

(4) FileInfo。提供创建、复制、移动和打开文件的实例方法，并协助创建 FileStream 对象。

(5) DirectoryInfo。提供创建、复制、移动和打开目录和子目录的实例方法。

(6) FileStream。指向文件流，支持对文件的读/写，支持随机访问文件。

(7) StreamReader。从流中读取字符数据。

(8) StreamWriter。向流中写入字符数据。

(9) FileStreamWatcher。用于监控文件和目录的变化。

## 7.2 磁盘、目录和文件的基本操作

### 7.2.1 磁盘的基本操作

从.NET 2.0 开始，System.IO 命名空间提供了一个叫 DriveInfo 的类。DriveInfo 类用来显示有关当前系统中所有驱动器的信息。表 7-1 列出了 DriveInfo 类的主要成员。

表 7-1 DriveInfo 类的主要成员

| 名称 | 说　明 |
|---|---|
| AvailableFreeSpace | 指示驱动器上的可用空闲空间量 |
| DriveFormat | 获取文件系统的名称，例如 NTFS 或 FAT32 |
| DriveType | 获取驱动器类型 |
| IsReady | 获取一个指示驱动器是否已准备好的值 |
| Name | 获取驱动器的名称 |
| RootDirectory | 获取驱动器的根目录 |
| TotalFreeSpace | 获取驱动器上的可用空闲空间总量 |
| TotalSize | 获取驱动器上存储空间的总大小 |
| VolumeLabel | 获取或设置驱动器的卷标 |
| GetDrives( ) | 检索计算机上的所有逻辑驱动器的驱动器名称 |

【例 7-1】

```
using System;
using System.IO;
class Program
{
  static void Main(string[] args)
    {
      DriveInfo drive = new System.IO.DriveInfo(@"C: \");
      Console.WriteLine("磁盘名称是：{0}",drive.Name);
      Console.WriteLine("磁盘类型是：{0}", drive.DriveType.ToString());
      Console.WriteLine("磁盘的可用空间是：{0}", drive.AvailableFreeSpace.ToString());
      Console.WriteLine("磁盘的文件系统的名称是：{0}", drive.DriveFormat);
```

```
            Console.WriteLine("磁盘上可用空闲空间总量是：{0}", drive.TotalFreeSpace.ToString());
            Console.WriteLine("磁盘得卷标是：{0}", drive.VolumeLabel);
            Console.ReadKey();
        }
    }
```

程序的运行结果如图 7-2 所示。

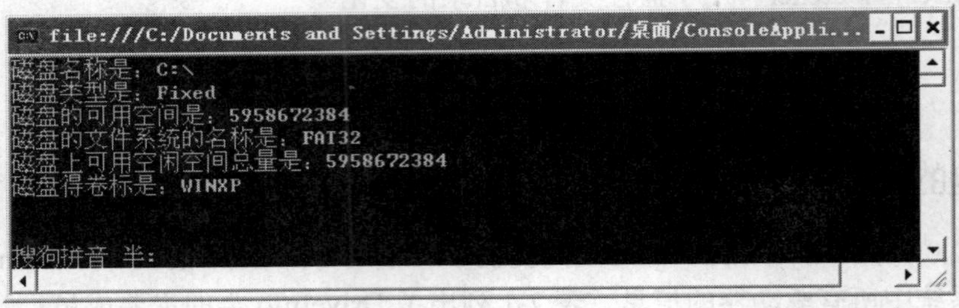

```
file:///C:/Documents and Settings/Administrator/桌面/ConsoleAppli...
磁盘名称是：C:\
磁盘类型是：Fixed
磁盘的可用空间是：5958672384
磁盘的文件系统的名称是：FAT32
磁盘上可用空闲空间总量是：5958672384
磁盘得卷标是：WINXP

搜狗拼音 半：
```

图 7-2　运行结果

### 7.2.2　目录的基本操作

Directory 类和 DirectoryInfo 类提供了一系列有用的方法处理与目录有关的任务。Directory 类公开用于创建、移动和枚举通过目录和子目录的静态方法。DirectoryInfo 类公开用于创建、移动和枚举目录和子目录的实例方法。

表 7-2 和表 7-3 分别列出了 Directory 类和 DirectoryInfo 类的主要方法。

表 7-2　Directory 类的主要方法

| 名称 | 说　明 |
| --- | --- |
| CreateDirectory() | 已重载。创建指定路径中的所有目录 |
| Delete () | 已重载。删除指定的目录。 |
| Exists() | 确定给定路径是否引用磁盘上的现有目录 |
| GetAccessControl() | 已重载。返回某个目录的 Windows 访问控制列表 (ACL) |
| GetCreationTime() | 获取目录的创建日期和时间 |
| GetCurrentDirectory() | 获取应用程序的当前工作目录 |
| GetDirectories() | 已重载。获取指定目录中子目录的名称 |
| GetFiles() | 已重载。返回指定目录中的文件的名称 |
| GetLastAccessTime() | 返回上次访问指定文件或目录的日期和时间 |
| GetLastWriteTime() | 返回上次写入指定文件或目录的日期和时间 |
| GetLogicalDrives() | 检索此计算机上格式为“<驱动器号>:\”的逻辑驱动器的名称 |
| GetParent() | 检索指定路径的父目录，包括绝对路径和相对路径 |
| Move() | 将文件或目录及其内容移到新位置 |
| SetCurrentDirectory() | 将应用程序的当前工作目录设置为指定的目录 |

表 7-3 DirectoryInfo 类的主要方法

| 名称 | 说 明 |
| --- | --- |
| Create() | 已重载。创建目录 |
| CreateSubdirectory() | 已重载。在指定路径中创建一个或多个子目录。指定路径可以是相对于 DirectoryInfo 类的此实例的路径 |
| Delete() | 已重载。已重写。从路径中删除 DirectoryInfo 及其内容 |
| GetDirectories() | 已重载。返回当前目录的子目录 |
| GetFiles() | 已重载。返回当前目录的文件列表 |
| MoveTo() | 将 DirectoryInfo 实例及其内容移动到新路径 |
| Refresh() | 刷新对象的状态 |

【例 7-2】使用 Directory 类的静态方法可创建和删除目录，以及读取目录属性。

```
using System;
using System.IO;
  class Program
    {
        static void Main(string[] args)
        {
          Directory.CreateDirectory(@"D: \C#程序设计");
        if(Directory.Exists(@"D: \C#程序设计"))
        {
          Console.WriteLine("文件夹的创建时间和日期：{0}",Directory.GetCreationTime(@"D:
\C#程序设计").ToString());
          Console.WriteLine("上次访问指定文件夹的时间和日期:
{0}",Directory.GetLastAccessTime(@"D:\C#程序设计").ToString());
          Console.WriteLine("上次修改指定文件夹的时间和日期：{0}",
Directory.GetLastWriteTime(@"D:\C#程序设计").ToString());
          Console.ReadKey();
        }
        }
    }
```

程序的运行结果如图 7-3 所示。

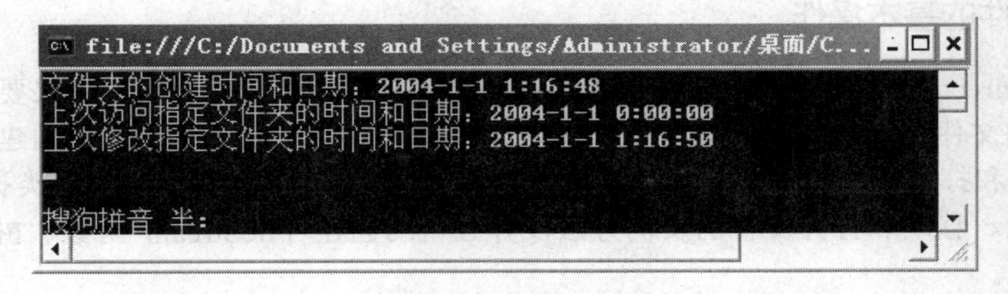


图 7-3 运行结果

【例 7-3】可使用 DirectoryInfo 类的使用方法。

```
using System;
using System.IO;
  class Program
    {
        static void Main(string[] args)
        {
          DirectoryInfo di = new DirectoryInfo("E:\\C#\\test");
          Console.WriteLine("创建时间：{0}", di.CreationTime.ToString());
          Console.WriteLine("修改时间：{0}", di.LastWriteTime.ToString());
          Console.WriteLine("访问时间：{0}", di.LastAccessTime.ToString());
          Console.WriteLine("属性：{0}", di.Attributes.ToString());
          Console.WriteLine("文件全名：{0}", di.FullName);
          Console.WriteLine("名称：{0}", di.Name);
          Console.WriteLine("上一级目录：{0}", di.Parent);
          Console.WriteLine("根目录：{0}", di.Root);
          Console.ReadKey();
        }
      }
  }
```

程序的运行结果如图7-4所示。

```
file:///C:/Documents and Settings/Administrator/桌面/ConsoleApplic...
创建时间：1601-1-1 8:00:00
修改时间：1601-1-1 8:00:00
访问时间：1601-1-1 8:00:00
属性：-1
文件全名：E:\C#\test
名称：test
上一级目录：C#
根目录：E:\

搜狗拼音 半：
```

图 7-4　运行结果

### 7.2.3　文件的基本操作

通过 Directory 和 DirectoryInfo 类可以很方便地显示和浏览目录树，如果要进一步显示目录中的文件列表，可以使用 File 类或者 FileInfo 类。File 类提供用于创建、复制、删除、移动和打开文件的静态方法，并协助创建 FileStream 对象。FileInfo 类提供创建、复制、删除、移动和打开文件的实例方法，并且帮助创建 FileStream 对象。FileInfo 类是不继承的。

表 7-4 和表 7-5 列出了 File 和 FileInfo 类的主要方法。

表 7-4　File 类的主要方法

| 名称 | 说　明 |
|---|---|
| Copy() | 已重载。将现有文件复制到新文件 |
| Create() | 已重载。在指定路径中创建文件 |
| CreateText() | 创建或打开一个文件用于写入 UTF-8 编码的文本 |
| Delete() | 删除指定的文件。如果指定的文件不存在，则不引发异常 |
| Exists() | 确定指定的文件是否存在 |
| GetAccessControl() | 已重载。获取一个 FileSecurity 对象，它封装指定文件的访问控制列表 (ACL)条目 |
| GetAttributes() | 获取在此路径上的文件的 FileAttributes |
| GetCreationTim()e | 返回指定文件或目录的创建日期和时间 |
| GetLastAccessTime() | 返回上次访问指定文件或目录的日期和时间 |
| GetLastWriteTime() | 返回上次写入指定文件或目录的日期和时间 |
| Move() | 将指定文件移到新位置，并提供指定新文件名的选项 |
| Open() | 已重载。 打开指定路径上的 FileStream |
| OpenRead() | 打开现有文件以进行读取 |
| OpenText() | 打开现有 UTF-8 编码文本文件以进行读取 |
| OpenWrite() | 打开现有文件以进行写入 |
| ReadAllBytes() | 打开一个文件，将文件的内容读入一个字符串，然后关闭该文件 |
| ReadAllLines() | 已重载。打开一个文本文件，将文件的所有行都读入一个字符串数组，然后关闭该文件 |
| ReadAllText() | 已重载。打开一个文本文件，将文件的所有行读入一个字符串，然后关闭该文件 |
| SetAttributes() | 设置指定路径上文件的指定的 FileAttributes |
| WriteAllBytes() | 创建一个新文件，在其中写入指定的字节数组，然后关闭该文件。如果目标文件已存在，则覆盖该文件 |
| WriteAllLines() | 已重载。创建一个新文件，在其中写入指定的字符串，然后关闭文件。如果目标文件已存在，则覆盖该文件 |
| WriteAllText() | 已重载。创建一个新文件，在文件中写入内容，然后关闭文件。如果目标文件已存在，则覆盖该文件 |

表 7-5　FileInfo 类的主要方法

| 名称 | 说　明 |
|---|---|
| CopyTo() | 已重载。将现有文件复制到新文件 |
| Create() | 创建文件 |
| CreateText() | 创建写入新文本文件的 StreamWriter |
| Delete() | 永久删除文件 |
| MoveTo() | 将指定文件移到新位置，并提供指定新文件名的选项 |
| Open() | 已重载。用各种读/写访问权限和共享特权打开文件 |
| OpenRead() | 创建只读 FileStream |
| OpenText() | 创建使用 UTF8 编码、从现有文本文件中进行读取的 StreamReader |
| OpenWrite() | 创建只写 FileStream |
| Refresh() | 刷新对象的状态 |
| CopyTo() | 已重载。将现有文件复制到新文件 |

【例 7-4】

```
using System;
using System.IO;
private void btnCopy_Click(object sender, EventArgs e)
    {
        File.Copy(textBox2.Text,txtCopy.Text);
        if (File.Exists(txtCopy.Text))
            MessageBox.Show("复制成功！");
        else
            MessageBox.Show("移动失败");
    }
    private void btnMove_Click(object sender, EventArgs e)
    {
        File.Move(textBox2.Text,txtMove.Text);
    }
    private void btnDelete_Click(object sender, EventArgs e)
    {
        if (File.Exists(txtDelete.Text))
        {
            File.Delete(txtDelete.Text);
            MessageBox.Show("删除成功！");
        }
        MessageBox.Show(" 此文件不存在");
    }
```

程序的运行结果如图 7-5 和图 7-6 所示。

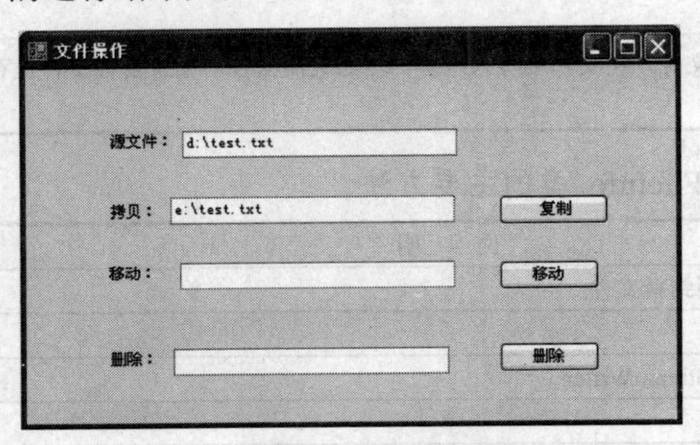


图 7-5 运行结果

图 7-6 运行结果

## 7.3 文本文件的读取和写入

读写一个文件对于 ASP.NET 来说非常简单，通常来讲，读写一个文件有以下 5 个基本步骤。

(1) 创建一个文件流。
(2) 创建阅读器或者写入器。
(3) 执行文件读写操作。
(4) 关闭阅读器或者写入器。
(5) 关闭文件流。

### 7.3.1 StreamReader 类和 StreamWriter 类

当需要读写基于字符的数据(比如字符串)时，StreamReader 和 StreamWriter 就非常有用了。StreamReader 类实现一个 TextReader，使其以一种特定的编码从字节流中读取字符。StreamWriter 类实现一个 TextWriter，使其以一种特定的编码向流中写入字符。而 TextReader 基类为这些派生类型提供了一套非常有限的功能，特别是读取字符流。StreamWriter 类型从 TextWriter 抽象基类派生。这个类定义了一些成员，使得派生的类型能向某个字符流写入文本数据。图 7-7 显示了这些新的 I/O 对象之间的关系。

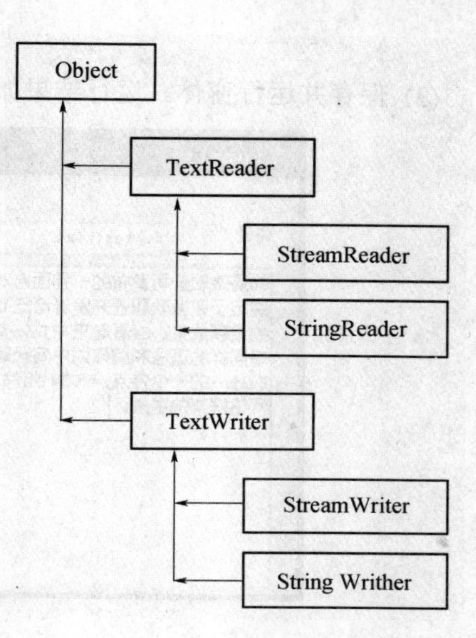

图 7-7 StreamReader 和 StreamWriter 类之间的关系

#### 1. StreamReader 读取器

创建文件流之后，我们要创建读取器或者写入器，StreamReader 类称为读取器，它主要用于读取数据流的数据，它的主要方法包含以下几种。

(1) StreamReader.Close()： 关闭 StreamReader 对象和基础流，并释放与读取器关联的所有系统资源。

(2) StreamReader.ReadLine()：从当前流中读取一行字符并将数据作为字符串返回。

(3) StreamReader.ReadToEnd()：从流的当前位置到末尾读取流。

【例 7-5】使用 StreamWriter 创建文本文件。

(1) 创建的 Windows 窗体。

(2) 分别双击“写入”和“读取”按钮，并添加如下代码。

```
using System;
using System.IO;
namespace RWFile
{
    private void btnRead_Click(object sender, EventArgs e)
    {
        FileStream fs = new FileStream(this.textBox1.Text,FileMode.Open,FileAccess.Read);
        StreamReader sr = new StreamReader(fs);
        this.richTextBox1.Text = sr.ReadToEnd();
        sr.Close();
        fs.Close();
```

```
    }
  private void btnWrite_Click(object sender, EventArgs e)
    {
      FileStream fs = new FileStream(this.textBox1.Text,FileMode.Create,FileAccess.Write);
      StreamWriter sw = new StreamWriter(fs);
      sw.Write(richTextBox1.Text);
      sw.Close();
      fs.Close();
    }
  }
```

(3) 保存并运行窗体。运行结果如图 7-8 所示。

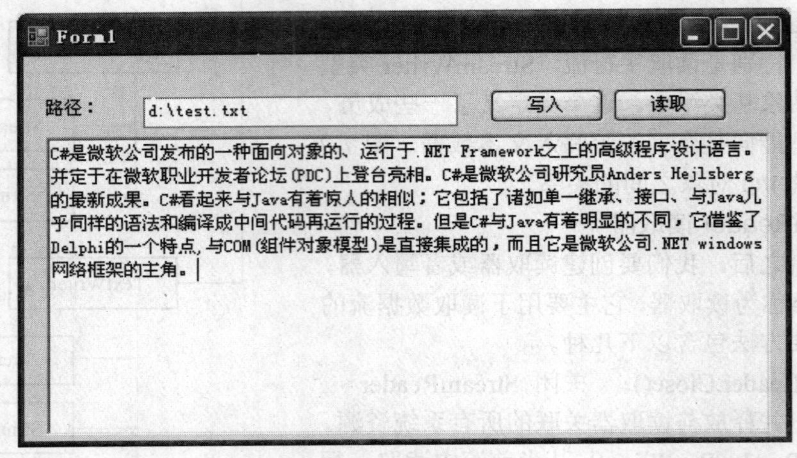


图 7-8　运行结果

### 2. StreamWriter 写入器

StreamWriter 类称为写入器，它用于将数据写入文件流，只要将创建好的文件流传入，就可以创建它的实例，例如：

```
StreamWriter mySw = new StreamWriter(myFs);
```

创建好写入器后，可以调用它的相应的方法将要写入的内容写入文件流，主要方法如下：

(1) StreamWriter.Write()：用于写入流，这个流就是我们创建好的流。

(2) StreamWriter.WriteLine()：用于写入一行数据，写入某些数据后跟换行符。

(3) StreamWriter.Close()：关闭当前的 StreamWriter 对象和基础流。

### 3. 直接创建 StreamWriter/StreamReader 类型

可能读者还有一点困惑，那就是使用 System.IO 的这些类型可以有很多种方法实现相同的结果。比如，我们可以使用 File 或者 FileInfo 的 CreateText()方法来获取 StreamWriter。其实，还有一个方法来使用 StreamWriter 和 StreamReader：直接创建它们。

```
//直接读取方式
StreamReader mySr = new StreamReader(path);
content = mySr.ReadToEnd();
txtContent.Text = content;
```

```
mySr.Close();
//直接写入方式
StreamWriter mySw = new StreamWriter(path);
mySw.Write(content);
mySw.Close();
```

### 7.3.2 StringReader 类和 StringWriter 类

使用 StringWriter 和 StringReader 类型可以将文本信息当作内存中的字符来处理。当想为基层缓冲区添加基于字符信息时，它们就非常有用。

StringReader 对象从字符串中读取字符，在构造过程中取得一个字符串值。

StreamReader 对象用于从文件读取字符。在构造过程中，该对象读入要读取的文件的名称。

【例 7-6】

```
using System;
using System.IO;
    public class Test
    {
        static void Main(string[] args)
        {
            Console.WriteLine("***** Fun with StringWriter / StringReader *****\n");
            // 创建一个StringWriter并把字符写入内存。
            StringWriter strWriter = new StringWriter();
            strWriter.WriteLine("Don't forget Mother's Day this year...");
            strWriter.Close();
            // 获取内容副本(存储在字符串中)并向控制台输出。
            Console.WriteLine("Contents of StringWriter: \n{0}", strWriter);
            Console.ReadKey();
        }
    }
```

运行结果如图 7-9 所示。

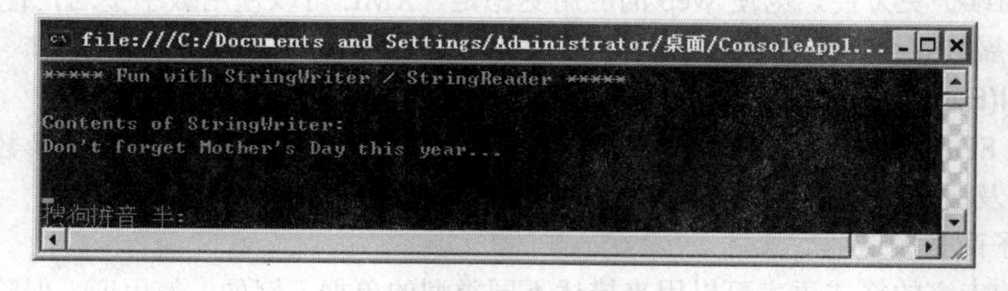


图 7-9 运行结果

因为 StringWriter 和 StreamWriter 都从一个基类(TextWriter)派生，它们的写操作逻辑代码或多或少地有点相同。但需要知道，StringWriter 还有一个特点，那就是它能通过 GetStringBuilder()方法来获取一个 System.Text.StringBuilder 对象。

可使用相应的 StringReader 类型从字符数据流中读取信息，可以看到，实现方法和相关的 StreamReader 类型差不多。其实，StringReader 类只不过是通过重写派生的成员来从一段字符数据而不是从一个文件中读取信息。

## 7.4 XML 概述

### 7.4.1 XML 的基本概念

XML 是 Extensible Markup Language(可扩展标记语言)的简写，顾名思义，它是一种标记语言，而且是可扩展的。它与 HTML 一样，都是标准通用标记语言(Standard Generalized Markup Language，SGML)的一个子集，该子集针对 Web 传输进行了优化。XML 提供统一的方法来描述和交换结构化数据，该方法与应用程序或提供商无关。

XML 是 Internet 环境中跨平台的，依赖于内容的技术，是当前处理结构化文档信息的有力工具。XML 是一种简单的数据存储语言，使用一系列简单的标记描述数据，而这些标记可以用方便的方式建立，虽然 XML 占用的空间比二进制数据要占用更多的空间，但 XML 极其简单，易于掌握和使用。

XML 的简单使其易于在任何应用程序中读写数据，这使 XML 很快成为数据交换的唯一公共语言，虽然不同的应用软件也支持其它的数据交换格式，但不久之后它们都将支持 XML，那就意味着程序可以更容易地与 Windows、Mac OS、Linux 以及其它平台下产生的信息结合，然后可以很容易地加载 XML 数据到程序中并加以分析，并以 XML 格式输出结果。

XML 不像 HTML 那样提供一组事先已经定义好的标记，而是提供了一个标准。利用这个标准，可以根据实际需要定义自己新的标记语言，并为这个标记语言规定它特有的一套标记。准确地说，XML 是用来存储数据的，重在数据本身。而 HTML 是用来定义数据的，重在数据的显示模式。

可扩展标记语言 XML 作为一种简单灵活的文本格式的可扩展标记语言，它非常适合于在 Web 上或者其它多种数据源间进行数据的交换。因而随着 XML 的不断发展，XML 的应用前景也越来越广泛。

**1．网络服务领域**

XML 有利于信息的表达和结构化组织，从而使数据搜索更有效。XML 可以使用 URL 别名使 Web 的维护更方便，也使 Web 的应用更稳定，XML 可以使用数字签名，使 Web 的应用更广泛地拓展到安全保密领域。

**2．EDI(Electronic Data Interchange)**

传统的 EDI 标准缺乏灵活性和可扩展性。使用 XML，程序能够理解在交换数据中所表示的商务数据及概念，根据明确的商务规则来进行数据处理。

**3．电子商务领域**

XML 的丰富的格式语言可以用来描述不同类型的单据，例如：信用证、保险单、索赔单以及各种发票等。结构化的 XML 文档发送至 Web 的数据可以被加密，并且很容易附加上数字签名。

**4．数据库领域**

XML 文档可以定义数据结构、代替数据字典、用程序输出建库脚本。应用“元数据模型”

技术，对数据源中不同格式的文件数据，按照预先定义的 XML 模板，以格式说明文档结构统一描述并提取数据或做进一步的处理，最后转换为 XML 格式输出。

5. Agent(智能体)

倘若送到 Agent 的 XML 结构化的数据，Agent 就能很容易理解这些数据的含义及它已有知识的关系。基于 XML 的数据交换对于解决 Agent 的交互性问题有重要的作用。从技术上讲，XML 语言只是一种简单的信息描述语言。但从应用角度上说，XML 的价值就远不止是一种信息的表达工具。事实上，借助 XML 语言，我们可以准确地表示几乎所有类型的数字化信息，可以清晰地解释信息的内涵和信息之间的关联，可以在最短的时间内准确定位需要的信息资源。

6. 软件设计元素的交换

XML 也可以用来描述软件设计中的有关的设计元素，如对象模型，甚至能描述最终设计出来的软件。另外，XML 及相关技术使得软件的分发及更新在 Web 上更容易实现。

### 7.4.2 XML 的基本结构

XML 文档使用的是自描述的和简单的语法，一个 XML 文档最基本的构成包括声明、处理命令(可选)和元素。以下是一个简单的名为 Book.xml 的 XML 文档。

```
1.<?xml version="1.0" encoding="utf-8" ?>
2.<!--This file is a part of a book store inventory databases-->
3.<bookstore xmlns="http://example.books.com">
4.  <book genre="novel" publicationdate="1967" ISBN="0-201-63361-2">
5.    <title>The Confidence Man</title>
6.     <author>
7.       <first-name>Herman</first-name>
8.       <last-name>Melville</last-name>
9.     </author>
10.    <price>11.99</price>
11.  </book>
12.  <book genre="philosophy" publicationdate="1991" ISBN="1-861001-57-6">
13.     <title>The Gorgias</title>
14..    <author>
15.       <first-name>Sidas</first-name>
16.       <last-name>Plato</last-name>
17.     </author>
18.     <price>9.99</price>
19.  </book>
20.</bookstore>
```

上面的 XML 文件的第 1 行<?xml version="1.0" encoding="utf-8" ?>是 XML 的声明。声明总是出现在 XML 文档的第一个元素之前，用于指明该文档所采用的 XML 版本。

第 2 行是 XML 注释，其语法与 HTML 的注释一样，XML 文档中的注释都是非强制性的，即可以任意地去除。

第 3 行的<bookstore>是根元素。每个 XML 文档只能有一个根元素。文档最后一行的</bookstore>是根元素对应的结束标记，在该结束标记之后，不能再出现任何元素。该<bookstore>元素包含一个 xmnls 属性，其值为 http://example.books.com，这是定义了 bookstore 的命名空间(Namespace)。命名空间的作用就是使得该文档的<book>元素与其它的<book>元素区分开来。

命名空间通常是 URI(Universal Resource Identifiers，统一资源标识符)，它看上去像是一个 URL，它是一个 GUID(Global Unique Identifier，全球唯一标识符)。任何字符串都可以作为命名空间，比如“www-aspdotnet-com:xmldemo”，只要是唯一的即可。而近来的习惯总是使用 URI，因为它显然是唯一的。

### 7.4.3 元素、标记以及元素属性

1．元素

XML 元素包含一个开标记(放在尖括号中的元素名称，比如<bookstore>)、元素中的数据和闭标记(与开标记相同，但是在左括号后有一个斜线：</bookstore>)。

例如，定义一个存储书名的元素：

```
<book>Tristram Shandy</book>
```

这与 HTML 中的标记非常类似，其实 HTML 和 XML 有许多相同的语法。最大的不同是，XML 没有任何预定义元素——我们选择元素的名称，因此对于可以拥有的元素个数没有限制。最重要的是 XML——不管它使用什么样的名称——实际上不是语言，而是定义语言的标准(称为 XML 应用)。每一种语言都有自己独特的词汇库，即一组可以用文档的特定元素和采用这些元素的结构。我们可以显示地限制 XML 文档中允许使用的元素。另外，也可以允许使用任何元素，允许使用文档的程序给出其结构。

元素名称区分大小写，因此<book>和<Book>是不同的元素。这表示，如果试图通过使用大小写不同的闭标记(例如</BOOK>)关闭<book>元素，XML 文档就是非法的。XML 分析程序读取 XML 文档，并分析其中各个元素，它们会拒绝任何包含非法 XML 的文档。

元素也可以包含其它元素，如：

```
<author>
    <first-name>Sidas</first-name>
    <last-name>Plato</last-name>
</author>
```

但是元素不允许重叠，因此在父元素的闭标记之前必须关闭所有的子元素。例如，不能编写如下代码：

```
<author>
    <first-name>Sidas
    <last-name>Plato
</first-name></last-name>
</author>
```

这是非法的，因为在<first-name>元素内打开了<last-name>元素，但是闭标记</first-name>位于闭标记</last-name>之前。

所有元素必须有闭标记的规定有一个例外。可以有“空”元素，其中没有内嵌的数据或

文本。在此，可以直接在开元素之后添加闭标记，如上所示，或者使用简短语法，在开元素末尾添加闭元素的斜线：

```
<first-name/>
```

这等同于完整的语法：

```
<first-name></first-name>
```

**2．标记**

元素是XML文档的灵魂，它构成了文档的主要内容。XML元素则是由标记来定义的，表明XML 的目的是标识文档中的元素。无论使用哪一种标记语言，标记的本质在于便于理解，如果没有标记，文档在计算机看来只是一个很长的字符串，每个字看起来都一样，没有重点之分。

通过标记，文档才便于阅读和理解，可以划分段落，列明标题。在XML中，还可以利用其扩展性来为文档建立更合适的标记。不过，需要注意的是，标记仅仅是用来识别信息，它本身并不传递信息。

标记分非空标记和空标记。

(1) 非空标记。包含有内容，<标记名>和</标记名>是成对出现的。

格式如下：

```
<标记名>元素内容</标记名>
```

如：

```
<name>张三</name>
```

(2) 空标记。将所有的信息全部存储在属性中，而不是存储在内容中。使用“/>”作为标记结束符。

格式如下：

```
<标记名 属性名=“属性值”，属性名=“属性值”，…/>
```

如：

```
<张三 Studentnum="0806114026"/>
```

同时元素也支持合理的嵌套，如Book、xml、bookstore与book就是一层嵌套。嵌套需要满足以下规则。

(1) 所有XML文档都从一个根节点开始，根节点包含了一个根元素。

(2) 文档内所有其它元素必须包含在根元素中。

(3) 嵌套在内的为子元素，同一层的互为兄弟元素。

(4) 子元素还可以包含子元素。

(5) 包含子元素的元素称为分支，没有子元素的元素称为树叶。

**3．属性**

与在元素体内存储数据一样，也可以在属性内存储数据，属性添加到元素的开标记内。属性的形式为：

```
<标记 属性名1="值1"...>数据内容</标记>
```

其中属性值必须包含在单引号或双引号内。例如：

```
<book title="Tristram Shandy"></book>
```

或者

```
<book title='Tristram Shandy'></book>
```

这都是合法的，但是下面的语句不合法：

```
<book title=Tristram Shandy></book>
```

为什么在 XML 中需要两种方式存储数据呢？下面二者的区别是什么：

```
<book>
  <title>Tristram Shandy</title>
</book>
```

和

```
<book title="Tristram Shandy"></book>
```

其实并没有太大的区别。使用其中任何一个都没有什么优势可言。如果以后需要对数据添加更多的信息，最好选择使用元素——总是可以给元素添加子元素或属性，但是对属性就不能进行这样的操作。另一方面，如果未经压缩就在网络上传输文档，则属性会占用更少的带宽(即使压缩了，区别也不大)，更便于保存对文档的每一位用户而言无关紧要的信息。也许最好的选择是同时使用二者，可以根据自己的爱好选择使用某一种方式来存储特定的数据项。

### 7.4.4 读取 XML 文件

由于 xml 类都定义在 System.xml 名字空间当中，所以要对 XML 进行操作，就需要在程序中添加对 System.xml 的引用。另外，XmlDocument 对象表示 XML 整个文档。XmlNode 对象表示 XML 文件的单个节点。这两个类常用的属性和方法如表 7-6 所示。

表 7-6 XmlDocument 和 xmlNode 常用属性和方法

| 对象 | 属性和方法 | 说明 |
|---|---|---|
| XmlDocument | DocumentElement 属性 | 获取根节点 |
| | ChildNodes 属性 | 获取所有子节点 |
| | Load()方法 | 读取整个 XML 的结构 |
| XmlNode | InnerText 属性 | 当前节点的值 |
| | Name 属性 | 当前节点的名字 |
| | ChildNodes 属性 | 当前节点的所有子节点 |

【例 7-7】使用 XmlDocument 和 XmlNode 类读取 XML 文件。

(1) 创建 music.xml 文件。

```
<?xml version="1.0" encoding="utf-8" ?>
<MusicShop>
  <music>
    <title>双截棍</title>
    <signer>周杰伦</signer>
  </music>
  <music>
    <title>Super Star</title>
    <signer>S.H.E</signer>
  </music>
</MusicShop>
```

(2) 创建如下控制台程序。

```
using System;
using System.Xml;
  class Program
    {
        static void Main(string[] args)
        {
            //解析music.xml
            XmlDocument myDocument = new XmlDocument();
            myDocument.Load("music.xml");
            XmlNode rootNode = myDocument.DocumentElement;
            foreach (XmlNode musicNode in rootNode.ChildNodes)
            {
                foreach (XmlNode node in musicNode.ChildNodes)
                {
                    switch(node.Name)
                    {
                        case "title":
                            Console.WriteLine("曲目：" + node.InnerText);
                            break;
                        case "signer":
                            Console.WriteLine("歌手："+node.InnerText);
                            break;
                    }
                }
                Console.WriteLine();
            }
            Console.ReadLine();
        }
}
```

(3) 执行代码，程序的运行结果如图7-10所示。

图 7-10 运行结果

## 习 题 7

1．文件系统在创建一个文件时，为它建立一个(　　)。

A．文件目录　　B．目录文件　　C．逻辑结构　　D．逻辑空间

2．下面 5 种独立的操作：

(1) 将文件的目录信息读入活动文件表

(2) 向设备管理程序发出 I/O 请求，完成数据读入操作

(3) 指出文件在外存上的存储位置，并进行文件逻辑块号到物理块的转换

(4) 按存取控制说明检查访问的合法性

(5) 按文件名查找活动文件表

关于读文件次序的正确描述是(　　)。

A．51432　　B．15432　　C．41532　　D．53241

3．以下的标记名称中不合法的是(　　)。

A．<Book>　　B．<_Book>　　C．<：Book>　　D．<#Book>

4．XML 数据岛绑定于标签(　　)之间。

A．<data></data>　　B．<xml></xml>

C．<body></body>　　D．<datasrc></datasrc>

5．在 DOM 节点类型中以下(　　)表示 XML 文档的根节点(代表 XML 本身)。

A．Node　　B．Document　　C．Element　　D．Text

6．在 XSL 中,匹配 XML 的根节点使用(　　)。

A．*号　　B．号　　C．/号　　D．XML 中根元素名称

7．以下 XML 语句错误的是(　　)。

A．<Book　name="xml 技术"　name="xml"/>

B．<Book　Name="xml 技术"　name="xml"/>

C．<Book　name="xml 技术"　name="xml"/>

D．<Book　Name="xml 技术"　name="xml"/>

8．使用 Dirctory 类的下列方法，可以获取指定文件夹中的文件的是(　　)

A．Exists()　　B．GetFiles()　　C．GetDirectories()　　D．CreateDirectory()

9．StreamWriter 对象的下列方法，可以向文本文件写入一行带回车和换行的文本的是(　　)。

A．WriteLine()　　B．Write()　　C．WritetoEnd()　　D．Read()

10．如果希望属性的取值唯一，则该属性应定义为(　　)

A．ID　　B．IDREF　　C．IDREFS　　D．ENTITY

11．文档 1.xml

```
<?xml version="1.0" encoding="gb2312"?>
<书号 书号="2006091896">
    <作者> 王龙 </作者>
    <性别> 男  </性别>
```

```
    </书号>
  <书号 书号= "2006091897">
      <作者> 张蕾 </性别>
      <性别> 女  </作者>
  </学生>
```

问题：文档 1.xml 中存在什么问题？并把它改正确。

12．简述“读/写文件”操作的系统处理过程。

# 第 8 章　Windows 程序设计

## 8.1　属性、方法和事件

### 8.1.1　属性

属性是描述对象特征的数据成员(参数)，相当于对象的性质，如字体、颜色、大小、名称等。Windows 应用程序中的窗体和控件都有很多属性，用于设置和定制控件。可以通过不同的方法设置窗体和控件的属性，第一种方法是在窗体和控件的“属性”窗体进行设置，如图 8-1 所示，这些设置将在窗体和控件初始化时控制它们的外观和形式；另外一种方法是在程序代码中对窗体和控件属性进行设置，这些设置将在程序运行的过程中改变它们的外观和形式。

例如，将窗体的“Text”属性设置为“登录界面”，并且在窗体中设置两个 Label 控件，分别将“Text”属性设置为“用户名”和“密码”；设置两个 TextBox 控件；设置两个 Button 控件，分别将“Text”属性设置为“登录”和“取消”，运行窗体效果如图 8-2 所示。

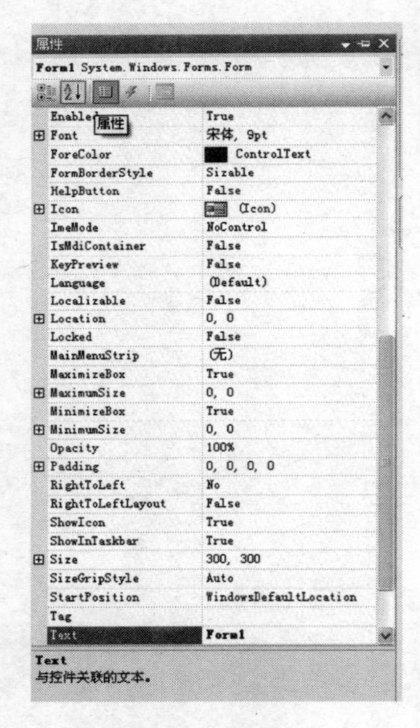


图 8-1　属性窗口

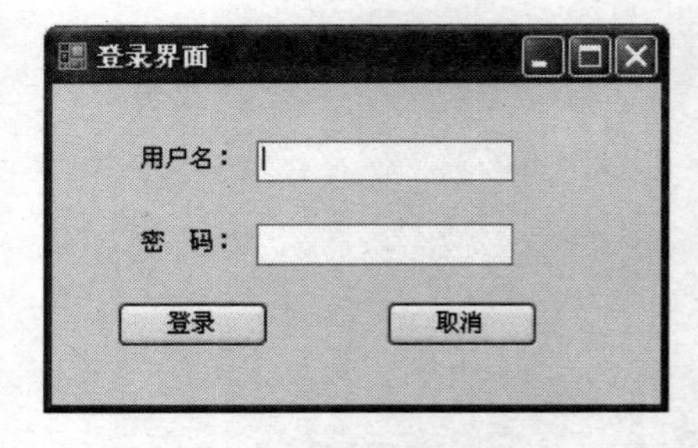


图 8-2　运行窗体效果

### 8.1.2　方法

控件的方法是指控件对象的成员函数，应用程序可以通过调用控件的方法完成指定的动作。例如，需要隐藏一个组合框 ComboBox，可以通过调用 ComboBox 的 Hide 方法实现，代码如下：

```
ComboBox.Hide();
```

### 8.1.3 事件

Windows 应用程序通过事件响应用户的操作。事件是可以通过代码响应或“处理”的操作。事件可由用户操作(如单击鼠标或按某个键)、程序代码或系统生成。事件驱动的应用程序执行代码以响应事件。每个窗体和控件都公开一组预定义事件，用户可根据这些事件进行编程。如果发生其中一个事件并且在相关联的事件处理程序中有代码，则调用该代码。对象引发的事件类型会发生变化，但对于大多数控件，很多类型是通用的。例如，大多数对象都会处理 Click 事件。如果用户单击窗体，就会执行窗体的 Click 事件处理程序内的代码。

如果想为控件添加一个响应事件，可以双击控件“属性”面板中相应事件的名称，如图 8-3 所示，例如要为控件添加单击事件，可以直接双击事件名称“MouseClick”，事件的响应代码框架就会被自动添加到程序中。

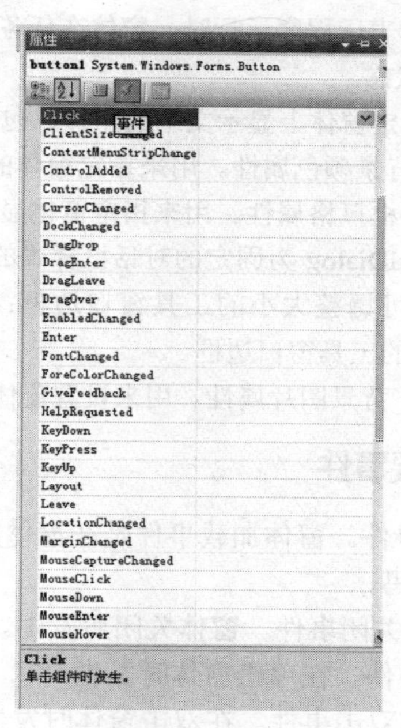


图 8-3 事件窗口

## 8.2 Windows 窗体

窗体是 Windows 应用程序的基础，也是放置其它控件的容器，应用程序中用到的大多数控件都需要添加到窗体上来实现它们各自的功能。在 Windows 窗体中，“窗体”是向用户显示信息的可视图面。通常情况下，通过向窗体上添加控件并开发对用户操作(如鼠标单击或按下按键)的响应，生成 Windows 窗体应用程序。“控件”是显示数据或接受数据输入的相对独立的用户界面 (UI) 元素。

### 8.2.1 Windows 窗体的基本属性

当一个窗体创建好之后，需要对其属性进行设置，如窗体的外观、位置、背景等。窗体的属性较多，下面只对常用的属性进行简单介绍。

(1) Name 属性：窗体的名称属性。窗体名是窗体对象的唯一标识，程序代码中根据窗体名对窗体进行设置和操作。默认的窗体名“Form”加一个特定整数，可以对窗体进行重命名。

(2) Text 属性：窗体标题属性。窗体标题是在窗体的标题栏中显示的文本，一般设置的文本为本窗体的功能和作用。窗体标题的默认值与窗体的默认值相同。

(3) Visible 属性：显示属性。显示属性设置窗体是否可见。True 为显示，False 为不显示，默认值为 True。

(4) Location 属性：窗体位置属性。窗体位置属性决定了窗体的左上角在屏幕上的横、纵坐标，设置其 x 和 y 坐标值，即可定义窗体的位置。

(5) Size 属性：窗体大小属性。用宽和高的值来定义窗体的大小。窗体大小的最大值和最小值可以通过窗体的 MaximumSize 和 MinimumSize 属性设置。

(6) WindowState 属性：窗体状态属性。指定窗体在运行时的 3 种状态：Normal 表示程序运行时，窗体为正常状态；Maximized 表示程序运行时，窗体在任务栏显示为最小化状态；Minimized 表示程序运行时，窗体为最大化状态。

(7) Font 属性：字体属性。指定窗体上显示文本的字体，包括字体名称和字体大小等属性。

(8) BackColor 属性：窗体的背景颜色属性。用来指定窗体的背景颜色。

(9) BorderStyle 属性：窗体边框风格属性。用来指定窗体显示的边框样式，None 为无边框；Fixed3D 为固定的三维边框；FixedDialog 为固定的对话框样式的粗边框；FixedSingle 为固定的单行边框；FixedToolWindow 为不可调整大小的工具窗口边框；Sizable 为可调整大小的边框；SizableToolWindow 为可调整大小的工具窗口边框。

(10) BackGroundImage 属性：背景图片属性。用来设置窗体的背景图片。

### 8.2.2 Windows 窗体的主要事件

(1) Load 事件：窗体加载事件。窗体加载事件是在窗体第一次显示时发生。当窗体显示前，先要执行 Load 事件内的代码。

(2) FormClosed 事件：窗体关闭事件。窗体关闭后发生。

(3) Click 事件：窗体单击事件。在单击窗体时发生。

(4) DoubleClick 事件：窗体双击事件。在双击窗体时发生。

(5) MouseClick 事件和 MouseDoubleClick 事件：窗体鼠标单击事件和窗体鼠标双击事件，仅对鼠标单击和双击有效，对键盘单击不做处理。

(6) Resize 事件：窗体改变大小事件。在调整窗口大小时发生。

### 8.2.3 创建窗体

下面将通过一个简单的例子介绍 Windows 应用程序的开发步骤。

#### 1. 创建 Windows 窗体

(1) 启动 Visual Studio 2008 集成开发环境，选择“文件”|“新建”|“项目”命令，打开新建项目对话框，如图 8-4 所示，在项目类型中选择“Visual C#”，在模板中选择“Windows 应用程序”，输入项目名称，选择相应的项目路径，单击“确定”按钮创建项目。

(2) 创建项目时，Windows 应用程序模板自动向项目中添加了一个 Windows 窗体，其文件名为“Form1.cs”，在“解决方案资源管理器”内鼠标右键单击该文件，重命名为 HelloWorld.cs。

(3) 将一个“按钮”控件从“工具箱”中拖动到窗体上。单击按钮将其选定。在“属性”窗口中，将 Text 属性设置为“Say Hello”。

**2．编写应用程序的代码**

(1) 双击该按钮，为 Click 事件添加事件处理程序。此时将打开代码编辑器，插入点已位于事件处理程序中。

(2) 插入下列代码：

```
MessageBox.Show("Hello, World!");
```

**3．测试应用程序**

(1) 按下 F5 运行应用程序。

(2) 当运行应用程序时，单击该按钮并验证显示“Hello, World!”。

(3) 关闭此 Windows 窗体并返回 Visual Studio。

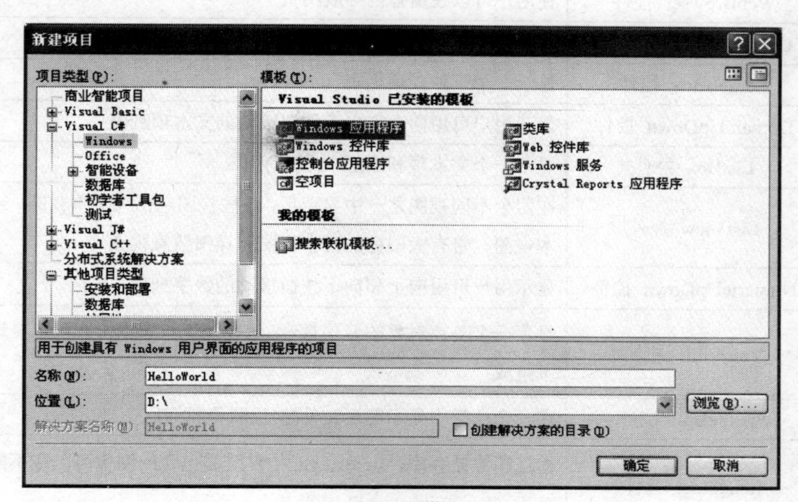


图 8-4　新建项目

## 8.3　控件概述

Windows 窗体提供执行许多功能的控件，控件是用来执行特定任务，具有属性、方法和事件的功能模块。用户只需了解控件的使用方法，而无需知道控件内部实现的具体细节。需要为窗体添加控件时，可以从工具箱中选取相应控件，通过设置属性、调用方法、实现事件代码完成需要的功能。表 8-1 列出了与一般功能对应的 Windows 窗体控件。

表 8-1　Windows 窗体控件

| 功能 | 控件 | 说　明 |
|---|---|---|
| 数据显示 | DataGridView 控件 | DataGridView 控件提供用来显示数据的可自定义表。使用 DataGridView 类，可以自定义单元格、行、列和边框 |
| 数据绑定和定位 | BindingSource 组件 | 通过提供当前项管理、更改通知和其它服务，来简化将窗体上的控件绑定到数据的过程 |
|  | BindingNavigator 控件 | 提供工具栏式的界面来定位和操作窗体上的数据 |

(续)

| 功能 | 控件 | 说　明 |
| --- | --- | --- |
| 文本编辑 | TextBox 控件 | 显示设计时输入的文本，它可由用户在运行时编辑或以编程方式更改 |
| | RichTextBox 控件 | 使文本能够以纯文本或 RTF 格式显示 |
| | MaskedTextBox 控件 | 约束用户输入的格式 |
| 信息显示(只读) | Label 控件 | 显示用户无法直接编辑的文本 |
| | LinkLabel 控件 | 将文本显示为 Web 样式的链接，并在用户单击该特殊文本时触发事件。该文本通常是到另一个窗口或网站的链接 |
| | StatusStrip 控件 | 通常在父窗体的底部使用有框架的区域显示有关应用程序的当前状态的信息 |
| | ProgressBar 控件 | 向用户显示操作的当前进度 |
| 网页显示 | WebBrowser 控件 | 使用户可以在窗体内导航网页 |
| 从列表中选择 | CheckedListBox 控件 | 显示一个可滚动的项列表，每项旁边都有一个复选框 |
| | ComboBox 控件 | 显示一个下拉式项列表 |
| | DomainUpDown 控件 | 显示用户可用向上和向下按钮滚动的文本项列表 |
| | ListBox 控件 | 显示一个文本项和图形项(图标)列表 |
| | ListView 控件 | 在四个不同视图之一中显示项。这些视图包括纯文本视图、带有小图标的文本视图、带有大图标的文本视图和详细信息视图 |
| | NumericUpDown 控件 | 显示用户可用向上和向下按钮滚动的数字列表 |
| | TreeView 控件 | 显示一个节点对象的分层集合，这些节点对象由带有可选复选框或图标的文本组成 |
| 图形显示 | PictureBox 控件 | 在一个框架中显示图形文件(如位图和图标) |
| 图形存储 | ImageList 控件 | 充当图像储存库。ImageList 控件及其包含的图像可以在不同的应用程序中重用 |
| 值的设置 | CheckBox 控件 | 显示一个复选框和一个文本标签。通常用来设置选项 |
| | CheckedListBox 控件 | 显示一个可滚动的项列表，每项旁边都有一个复选框 |
| | RadioButton 控件 | 显示一个可打开或关闭的按钮 |
| | TrackBar 控件 | 允许用户通过沿标尺移动“滚动块”来设置标尺上的值 |
| 数据的设置 | DateTimePicker 控件 | 显示一个图形日历以允许用户选择日期或时间 |
| | MonthCalendar 控件 | 显示一个图形日历以允许用户选择日期范围 |
| 对话框 | ColorDialog 控件 | 显示允许用户设置界面元素的颜色的颜色选择器对话框 |
| | FontDialog 控件 | 显示允许用户设置字体及其属性的对话框 |
| | OpenFileDialog 控件 | 显示允许用户定位文件和选择文件的对话框 |
| | PrintDialog 控件 | 显示允许用户选择打印机并设置其属性的对话框 |
| | PrintPreviewDialog 控件 | 显示一个对话框，该对话框显示 PrintDocument 组件在打印出来后的外观 |
| | FolderBrowserDialog 控件 | 显示用来浏览、创建以及最终选择文件夹的对话框 |
| | SaveFileDialog 控件 | 显示允许用户保存文件的对话框 |
| 菜单控件 | MenuStrip 控件 | 创建自定义菜单 |
| | ContextMenuStrip 控件 | 创建自定义上下文菜单 |

(续)

| 功能 | 控件 | 说明 |
|---|---|---|
| 命令 | Button 控件 | 启动、停止或中断进程 |
| | LinkLabel 控件 | 将文本显示为 Web 样式的链接，并在用户单击该特殊文本时触发事件。该文本通常是到另一个窗口或网站的链接 |
| | NotifyIcon 控件 | 在表示正在后台运行的应用程序的任务栏的状态通知区域中显示一个图标 |
| | ToolStrip 控件 | 创建工具栏，这些工具栏可以具有与 Microsoft Windows XP、Microsoft Office 或 Microsoft Internet Explorer 类似的外观，也可以具有自定义外观，可以有主题，也可以没有主题，并支持项溢出和运行时重新排序 |
| 用户帮助 | HelpProvider 组件 | 为控件提供弹出式帮助或联机帮助 |
| | ToolTip 组件 | 当用户将指针停留在控件上时，提供一个弹出式窗口来显示该控件的用途的简短说明 |
| 将其它控件分组 | Panel 控件 | 将一组控件分组到未标记、可滚动的框架中 |
| | GroupBox 控件 | 将一组控件(如单选按钮 (RadioButton))分组到带标记、不可滚动的框架中 |
| | TabControl 控件 | 提供一个选项卡式页面以有效地组织和访问已分组对象 |
| | SplitContainer 控件 | 提供用可移动拆分条分隔的两个面板 |
| | TableLayoutPanel 控件 | 表示一个面板，它可以在一个由行和列组成的网格中对其内容进行动态布局 |
| | FlowLayoutPanel 控件 | 表示一个沿水平或垂直方向动态排放其内容的面板 |
| 音频 | SoundPlayer 控件 | 播放.wav 格式的声音文件。加载声音和播放声音可以异步进行 |

每个控件都包含一个 Name 属性，是该控件定义唯一的标识，便于在程序中执行对该控件的操作。为了提高程序的可读性，需要给控件一个容易理解的名称。Microsoft 提供了对控件的命名约定，便于通过控件名称表示出控件的类型。表 8-2 列出了一些常用控件的前缀，以供参考。

表 8-2　控件命名规则

| 数据类型 | 数据类型简写 | 标准命名举例 |
|---|---|---|
| Label | lbl | lblMessage |
| Button | btn | btnSave |
| TextBox | txt | txtName |
| CheckBox | chk | chkStock |
| RadioButton | rbtn | rbtnSelected |
| PictureBox | pic | picImage |
| Panel | pnl | pnlBody |
| ComboBox | cbo | cboMenu |
| Timer | tmr | tmrCount |

## 8.3.1　命令按钮控件(Button)

Windows 窗体 Button 控件允许用户通过单击来执行操作。当该按钮被单击时，它看起来像是被按下，然后被释放。每当用户单击按钮时，即调用 Click 事件处理程序。可将代码放入 Click 事件处理程序来执行所选择的任意操作。Button 控件还可以使用 Image 和 ImageList 属性显示图像。

1．常用属性

(1) Name 属性：设置按钮的名称。

(2) Text 属性：设置按钮上显示的文本的内容。

(3) Enabled 属性：设置按钮是否对用户的操作做出响应，如果将 Enabled 属性设置为 False，则按钮显示为灰色，并且不对任何操作做出响应。

(4) Visible 属性：确定按钮可见还是隐藏。

(5) Image 属性：设置按钮控件的背景图像。单击 Image 属性后的按钮，将弹出“选择资源”对话框，如图 8-3 所示。通过“选择资源”对话框选择图像的方式有两种：一是从本地资源中选择图像，单击“导入”按钮，选择图片即可；另一种方式是从项目的资源文件中选取图像，直接在列表中选取图像即可。如果所需图像没有在列表中，单击“导入”按钮，从本地选择图片导入，然后再从列表中选取即可。

2．常用事件

(1) Click 事件：在单击按钮控件时触发。

(2) Enter 事件：当该按钮控件成为该窗体的活动控件时触发。

(3) MouseMove 事件：鼠标指针移过时触发。

3．常用方法

(1) Hide 方法：隐藏按钮。

(2) Show 方法：显示按钮。

4．【例 8-1】制作逃跑按钮。

1) 界面设计

(1) 在 Visual Studio 2008 开发环境中创建 Windows 应用程序。

(2) 拖两个按钮控件到窗体上，button1 的 Text 属性值设为“嘻嘻，我在这里！”，button2 的 Text 属性值设为“哈哈，抓不住我！”

(3) button2 的 Visible 属性值设为“False”。两个按钮调整为同样大小。

2) 主要事件代码

```
//按钮 1 的鼠标移过事件
private void button1_MouseMove(object sender, MouseEventArgs e)
{
    button1.Hide();//隐藏按钮1
    button2.Show();//显示按钮2
}
//按钮2的鼠标移过事件
private void button2_MouseMove(object sender, MouseEventArgs e)
{
    button2.Hide();//隐藏按钮2
    button1.Show();//显示按钮1
}
```

运行效果如图 8-5 和图 8-6 所示。

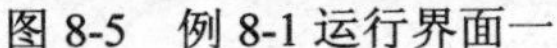
图 8-5　例 8-1 运行界面一

图 8-6　例 8-1 运行界面二

## 8.3.2　标签控件(Label)

Windows 窗体 Label 控件用于显示用户不能编辑的文本或图像，Label 控件是 Windows 应用程序中应用最多的控件之一。例如，描述单击某控件时该控件所进行的操作或显示相应信息以响应应用程序中的运行时事件或进程。例如，用户可以使用标签向文本框、列表框和组合框等添加描述性标题。也可以编写代码，使标签显示的文本为了响应运行时事件而做出更改。

**1．常用属性**

(1) Name 属性：设置标签控件的名称。

(2) Text 属性：设置标签显示的文本的内容。

(3) TextAlign 属性：设置标签显示内容的对齐方式。包括 9 种，分别为：TopLeft、TopCenter、TopRight、MiddleLeft、MiddleCenter、MiddleRight、ButtonLeft、ButtonCenter、ButtonRight。

(4) AutoSize 属性：设置标签大小是否随显示内容的大小自动改变。

(5) Font 属性：设置标签上文本的字体。

(6) ForeColor 属性：设置标签的前景色。

(7) BackColor 属性：设置标签控件的背景颜色。

**2．常用事件**

Label 控件常在应用程序界面上显示用户所关心的数据、给用户显示一些提示信息等，一般不使用 Label 控件的事件。

**3．常用方法**

(1) Hide 方法：隐藏标签。

(2) Show 方法：显示标签。

(3) Focus 方法：为标签设置焦点。

【例 8-2】设置彩色标语。

界面设计步骤如下：

(1) 在 Visual Studio 2008 开发环境中创建 Windows 应用程序。

(2) 拖一个标签控件到窗体上，label1 的 Text 属性值设为“欢迎进入 C#编程世界！”，Font 属性设为：隶书、粗体、小二号 ，ForeColor 属性设为：红色。

运行效果如图 8-7 所示。

图 8-7　例 8-2 运行界面

### 8.3.3　文本框控件(TextBox)

Windows 窗体文本框用于获取用户输入或显示文本。TextBox 控件通常用于可编辑文本，不过也可使其成为只读控件。文本框可以显示多个行，对文本换行使其符合控件的大小以及添加基本的格式设置。TextBox 控件为在该控件中显示的或输入的文本提供一种格式化样式。

**1. 常用属性**

(1) Name 属性：设置文本框控件的名称。

(2) Text 属性：控件显示的文本包含在 Text 属性中。默认情况下，最多可在一个文本框中输入 2048 个字符。可以在运行时通过读取 Text 属性来检索文本框的当前内容。

(3) TextAlign 属性：设置文本框控件显示内容的对齐方式。包括 3 种，分别为：Left、Right、Center。

(4) ReadOnly 属性：设置文本框显示的内容是否可以编辑。设置为 True 时文本框的显示内容是只读的，不可编辑；设置为 False 时文本框的显示内容则可以编辑。

(5) MultiLine 属性：设置文本框是否允许输入多行内容。设置为 True 时文本框可以接受多行数输入，并且在信息内容超出文本框边界时可以自动换行；设置为 False 时文本框只能处理单行的信息。

(6) MaxLength 属性：此属性确定可在文本框中键入多少字符。如果超过了最大长度，系统会发出声响，且文本框不再接受任何字符。设置为 0 时则不限制文本框的输入字符数。

(7) Lines 属性：文本框中的每一行都是字符串数组的一部分，这个数组通过 Lines 属性来访问。

(8) ScrollBars 属性：设置文本框是否显示滚动条。包括 4 种，分别为：None(无滚动条)、Horizontal(水平滚动条)、Vertical(垂直滚动条)、Both(水平、垂直滚动条)。

(9) PasswordChar 属性：指定在文本框中显示的字符。例如，如果希望在密码框中显示星号，可以在“属性”窗口中将 PasswordChar 属性指定为“*”。然后，无论用户在文本框中键入什么字符，都显示为星号。

(10) WordWrap 属性：指定文本框是否自动换行。

2．常用事件

(1) TextChanged 事件：在控件的 Text 属性值发生改变时触发。

(2) KeyDown、KeyPress 和 KeyUp 事件：输入焦点在控件的情况下，按下键盘按键或释放键盘按键时该事件触发。

3．常用方法

(1) Hide 方法：隐藏文本框。

(2) Show 方法：显示文本框。

(3) Paste 方法：剪贴板中的文本替换文本框选中内容。

(4) Cut 方法：文本框中选中内容剪切到剪贴板中。

(5) Copy 方法：文本框中选中内容复制到剪贴板中。

(6) Undo 方法：撤销前面对文本框的操作。

(7) Clear 方法：清除文本框中的所有内容。

4.【例 8-3】TextBox 控件的应用。

1) 界面设计

(1) 在 Visual Studio 2008 开发环境中创建 Windows 应用程序。

(2) 拖一个文本框控件、三个按钮控件到窗体上。

(3) TextBox1 的 MultiLine 属性设为：True；ScrollBars 属性设为：Both；WordWrap 属性设为：False。

(4) button1 的 Text 属性设为：修改；button2 的 Text 属性设为：只读；button3 的 Text 属性设为：清除。

(5) 双击 button 控件，添加按钮的 Click 事件，代码编辑窗口编写事件处理程序。

2) 主要事件代码

```
private void button1_Click(object sender, EventArgs e)
 {
    textBox1.ReadOnly = false;
 }

private void button2_Click(object sender, EventArgs e)
 {
     textBox1.ReadOnly = true;
 }
private void button3_Click(object sender, EventArgs e)
 {
     textBox1.Clear();
 }
```

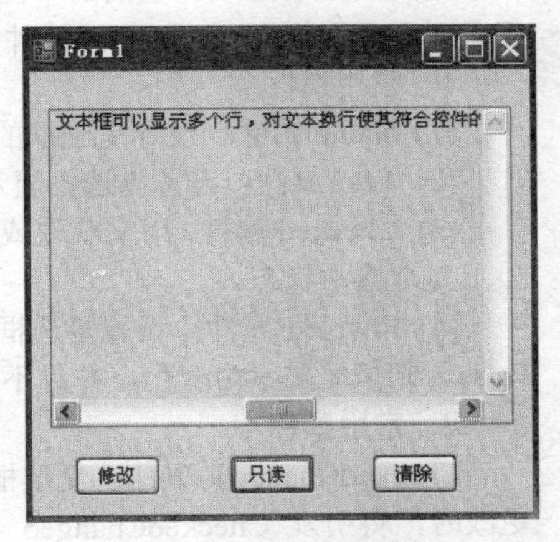

图 8-8　例 8-3 运行界面

运行效果如图 8-8 所示。

## 8.3.4　单选按钮(RadioButton)

Windows 窗体 RadioButton 控件为用户提供由两个或多个互斥选项组成的选项集。定义单选按钮组将告诉用户:“这里有一组选项,您可以从中选择一个且只能选择一个。”

**1. 常用属性**

(1) Name 属性:设置单选按钮的名称。

(2) Text 属性:设置选项按钮显示的文本的内容。

(3) Checked 属性:用来获取或设置是否已选中选项按钮。设置为 True 为选中,设置为 False 显示为未选中状态。

(4) Enabled 属性:设置选项按钮是否对用户的操作做出响应,如果将 Enabled 属性设置为 False,则按钮显示为灰色,并且不对任何操作做出响应。

**2. 常用事件**

(1) CheckedChanged 事件:单选按钮的选中状态改变时触发该事件。即当 Checked 属性的值更改时,将引发 CheckedChanged 事件。

(2) Click 事件:当单击 RadioButton 控件时,其 Checked 属性设置为 true,并且调用 Click 事件处理程序。

**3. 常用方法**

(1) Select 方法:激活单选按钮。

(2) Hide 方法:隐藏单选按钮。

(3) Show 方法:显示单选按钮。

(4) GetNextControl:按照子控件的 Tab 键的顺序向前或向后检索下一个控件。

### 8.3.5 复选框控件(CheckBox)

Windows 窗体 CheckBox 控件指示某特定条件是打开的还是关闭的。它常用于为用户提供是/否或真/假选项。可以成组使用复选框 (CheckBox) 控件以显示多重选项,用户可以从中选择一项或多项。

复选框 (CheckBox) 控件和单选按钮 (RadioButton) 控件的相似之处在于,它们都是用于指示用户所选的选项。它们的不同之处在于,在单选按钮组中一次只能选择一个单选按钮。但是对于复选框 (CheckBox) 控件,则可以选择任意数量的复选框。

1. 常用属性

(1) Name 属性:设置复选框的名称。

(2) Text 属性:设置复选框显示的文本的内容。

(3) Checked 属性:用来获取或设置是否已选中复选框。设置为 True 为选中,设置为 False 显示为未选中状态。

(4) Enabled 属性:设置复选框是否对用户的操作做出响应,如果将 Enabled 属性设置为 False,则按钮显示为灰色,并且不对任何操作做出响应。

**2. 常用事件**

CheckedChanged 事件:复选框的选中状态改变时触发该事件。即当 Checked 属性的值更改时,将引发 CheckedChanged 事件。

**3. 常用方法**

(1) Select 方法:激活复选框。

(2) Hide 方法:隐藏复选框。

(3) Show 方法:显示复选框。

(4) GetNextControl:按照子控件的 Tab 键的顺序向前或向后检索下一个控件。

### 8.3.6 面板控件(Panel)

Windows 窗体 Panel 控件用于为其它控件提供可识别的分组。通常，使用面板按功能细分窗体。将所有选项分组在一个面板中可向用户提供逻辑可视提示。在设计时所有控件都可以轻松移动，当移动 Panel 控件时，它包含的所有控件也将移动。

下面列出了 Panel 控件的常用属性。

(1) Name 属性：设置复选框的名称。

(2) BorderStyle 属性：指定面板边框。包括无可视边框 (None)、简单线条 (FixedSingle)、阴影线条 (Fixed3D)。

(3) BackColor 属性：为所包含的控件(如标签和单选按钮)设置背景颜色。

(4) AutoScroll 属性：设置是否要显示滚动条，设置为 True 显示滚动条，False 不显示。

### 8.3.7 GroupBox 控件

Windows 窗体 GroupBox 控件用于为其它控件提供可识别的分组。通常，使用分组框按功能细分窗体。在分组框中对所有选项分组能为用户提供逻辑化的可视提示。并且在设计时所有控件可以方便地移动，当移动单个 GroupBox 控件时，它包含的所有控件也会一起移动。

GroupBox 控件类似于 Panel 控件；但只有 GroupBox 控件显示标题，而 Panel 控件可以有滚动条。

下面列出了 GroupBox 控件的常用属性。

(1) Name 属性：设置分组框控件的名称。

(2) Text 属性：用于设置显示在分组框左上方的标题文字，可以用来标识该组控件的描述。

(3) Font 和 ForeColor 属性：用于改变分组框的文字大小及文字的颜色，需要注意的是，它不仅改变分组框控件的 Text 属性的文字外观，同时也改变其内部控件的现实的 Text 属性的文字外观。

【例 8-4】算数题小测试。

1) 要求

单击“出题”按钮，随机产生两个正整数。如果选中“一位数”的复选框，则产生正整数为一位数，否则为两位数。在“选择运算符”栏中选择加减乘除的运算符，文本框中输入运算结果，单击“批改”按钮，显示结果是否正确的标记。

2) 界面设计：

(1) 在 Visual Studio 2008 开发环境中创建 Windows 应用程序。

(2) 设置 Form1 窗体的 Text 属性值为“算数题小测试”。

(3) 在窗体上添加表 8-3 所示的控件。

表 8-3 算数题小测试使用的控件及属性

| 控件类型 | Text | Name | 说明 |
|---|---|---|---|
| Label | 空 | lblCalc | 显示选中的运算符<br>AutoSize 属性设为 False |
| | = | lblEqual | 显示等号 |
| | 空 | lblResult | 显示批改的结果<br>AutoSize 属性设为 False |

(续)

| 控件类型 | Text | Name | 说明 |
|---|---|---|---|
| TextBox | 空 | txtNumber1 | 数字 1 |
| | 空 | txtNumber2 | 数字 2 |
| | 空 | txtResult | 运算结果 |
| CheckBox | 一位数 | chkOneBit1 | 数字 1 为一位数 |
| | 一位数 | chkOneBit2 | 数字 2 为一位数 |
| GroupBox | 请选择运算符 | groupBox1 | 对运算符单选按钮分组 |
| RadioButton | + | radAdd | 加运算符 |
| | — | radSub | 减运算符 |
| | × | radMul | 乘运算符 |
| | ÷ | radDiv | 除运算符 |
| Button | 出题 | btnChuti | 出题 |
| | 批改 | btnPigai | 批改 |
| | 退出 | btnExit | 结束程序 |

3) 主要事件代码

```
private void btnChuti_Click(object sender, EventArgs e)
 {
        Random rd=new Random ();//随机数生成器
        if (chkOneBit1.Checked)//如果第一个数为一位数
        {
            txtNumber1.Text = (Convert .ToInt16 (rd.Next(0, 10))).ToString();//生成一位数
放入第一个文本框
        }
        else
        {
            txtNumber1.Text = (Convert.ToInt16(rd.Next(10, 100))).ToString();//生成两位数
放入第一个文本框
        }
        if (chkOneBit2.Checked)//如果第二个数为一位数
        {
            txtNumber2.Text = (Convert.ToInt16(rd.Next(0, 10))).ToString();//生成一位数放
入第二个文本框
        }
        else
        {
            txtNumber2.Text = (Convert.ToInt16(rd.Next(10, 100))).ToString();//生成两位数
```

```
放入第二个文本框
        }
        txtResult.Text = "";//运算结果清空
        lblResult.Text = "";//批改结果清空
        txtResult.Focus();//运算结果获得焦点
    }
    private void radAdd_CheckedChanged(object sender, EventArgs e)
    {
        if (radAdd.Checked)
            lblCalc.Text = "+";//如果选中加运算符，显示"+"号
    }
    private void radSub_CheckedChanged(object sender, EventArgs e)
    {
        if (radSub.Checked)
            lblCalc.Text = "－";//如果选中减运算符，显示"－"号
    }
    private void radMul_CheckedChanged(object sender, EventArgs e)
    {
        if (radMul.Checked)
            lblCalc.Text = "×";//如果选中乘运算符，显示"×"号
    }
    private void radDiv_CheckedChanged(object sender, EventArgs e)
    {
        if (radDiv.Checked)
            lblCalc.Text = "÷";//如果选中除运算符，显示"÷"号
    }
    private void btnPigai_Click(object sender, EventArgs e)
    {
        if (!(radAdd.Checked || radSub.Checked || radMul.Checked || radDiv.Checked))//如果
任何运算符都没有选中
        {
            MessageBox.Show("请选择运算符", "出错提示", MessageBoxButtons.OK,
MessageBoxIcon.Error);// 给出错误提示返回
            return;
        }
        if (txtResult.Text == "")//如果没有做出答案
        {
            MessageBox.Show("请给出答案", "出错提示", MessageBoxButtons.OK,
MessageBoxIcon.Error);// 给出错误提示返回
            return;
```

```
    }
    int number1 = Convert.ToInt16(txtNumber1.Text);//获得第一个数
    int number2 = Convert.ToInt16(txtNumber2.Text);//获得第二个数
    double result = Convert.ToInt16(txtResult.Text);//获得运算结果
    switch (lblCalc.Text)//根据运算符做出判断
     {
         case "+":
             if ((number1 + number2) == result)//加的结果是否正确
               lblResult.Text = "√";
             else
               lblResult.Text = "×";
             break;
         case "-":
             if ((number1 - number2) == result)//减的结果是否正确
               lblResult.Text = "√";
             else
               lblResult.Text = "×";
             break;
         case "×":
             if ((number1 * number2) == result)//乘的结果是否正确
               lblResult.Text = "√";
             else
               lblResult.Text = "×";
             break;
         case "÷":
             if ((number1 / number2) == result)//除的结果是否正确
                 lblResult.Text = "√";
               else
                 lblResult.Text = "×";
               break;
       }
   }

private void btnExit_Click(object sender, EventArgs e)
 {
    Application.Exit();//结束程序
 }
```

4) 运行效果

运行效果如图 8-9 所示。

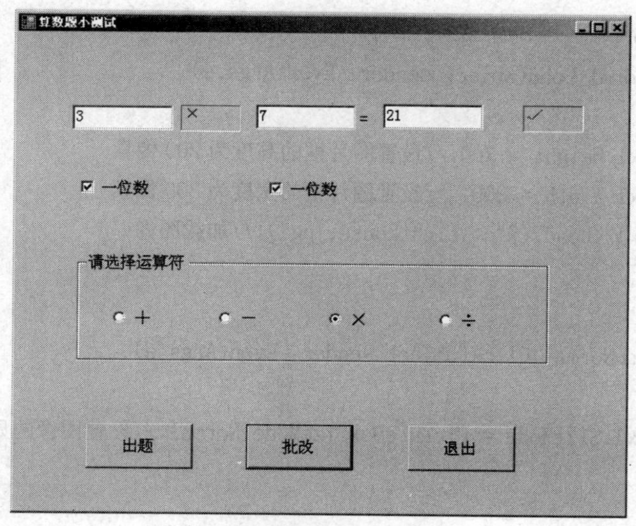


图 8-9　例 8-4 运行界面

### 8.3.8　图片框控件(PictureBox)

Windows 窗体 PictureBox 控件用于显示位图、GIF、JPEG、图元文件或图标格式的图形。

**1．常用属性**

(1) Image 属性：设置所显示的图片，该属性可在运行时或设计时设置。

(2) ImageLocation 属性：用于获取或设置要在图片框中显示图像的路径。图片的路径可以是本地磁盘的绝对路径，也可以是相对路径以及在网络上的 Web 位置。

(3) SizeMode 属性：控制使图像和控件彼此适合的方式。

(4) Height 属性：获取或设置图片框控件的高度。

(5) Width 属性：获取或设置图片框控件的宽度。

(6) ClientSize 属性：获取或设置图片框控件工作区的高度和宽度。

**2．常用事件**

(1) Click 事件：在图片框控件上单击时触发。

(2) SizeModeChanged 事件：图片框控件中图像的大小和位置发生变化时触发此事件。

(3) SizeChanged 事件：图片框控件的高度和宽度发生变化时触发此事件。

**3．常用方法**

(1) Load 方法：在图片框控件中加载图像。

(2) Show 方法：在图片框控件中显示图像。

(3) Update 方法：使图片框控件重绘其工作区内的无效区域。

**4．【例 8-5】图像显示。**

1) 界面设计

(1) 在 Visual Studio 2008 开发环境中创建 Windows 应用程序。

(2) 拖一个图片框框控件，5 个按钮控件到窗体上。

(3) Form1 的 Text 属性设为：显示图像。5 个按钮的名称分别为：btnNormal、btnStretchImage、btnAutoSize、btnCenterImage、btnZoom，Text 属性分别为：常规、平滑、自动、居中、拉伸。

2) 主要事件代码

```
private void Form1_Load(object sender, EventArgs e)
{
    pictureBox1.Height = 200;//设置图片框的高度为 200 像素
    pictureBox1.Width = 300; //设置图片框的宽度为 300 像素
    pictureBox1 .Load (@"c:\Lighthouse.jpg");//加载图像
}

private void btnNormal_Click(object sender, EventArgs e)
{
    pictureBox1.SizeMode = PictureBoxSizeMode.Normal;//设置图像的显示方式为 Normal
}

private void btnStretchImage_Click(object sender, EventArgs e)
{
    pictureBox1.SizeMode = PictureBoxSizeMode.StretchImage; //设置图像的显示方式为
StretchImage
}

private void btnAutoSize_Click(object sender, EventArgs e)
{
    pictureBox1.SizeMode = PictureBoxSizeMode.AutoSize; //设置图像的显示方式为 AutoSize
}

private void btnCenterImage_Click(object sender, EventArgs e)
{
    pictureBox1.SizeMode = PictureBoxSizeMode.CenterImage; //设置图像的显示方式为
CenterImage
}

private void btnZoom_Click(object sender, EventArgs e)
{
    pictureBox1.SizeMode = PictureBoxSizeMode.Zoom; //设置图像的显示方式为 Zoom
}
```

3) 运行效果

运行效果如图 8-10 所示。

### 8.3.9 列表框控件(ListBox)

Windows 窗体 ListBox 控件显示一个项列表，用户可从中选择一项或多项。如果项总数超出可以显示的项数，则自动向 ListBox 控件添加滚动条。

图 8-10　例 8-5 运行界面

**1．常用属性**

(1) Name 属性：设置列表框控件的名称。

(2) Items 属性：设置或获取列表框控件中所包含的项集合。通过 Items 属性可以获取列表框中所有项列表，也可以在项目集合中添加项、移除项、编辑项和获得项的数目。Items 属性可以在“字符串集合编辑器”中进行编辑，如图 8-4 所示，编辑器中每一项通过回车来分隔，每一行列出一项。

(3) SelectedItem 属性：设置或获取在列表中选中的对象。

(4) SelectedIndex 属性：设置和获取列表框中选中对象的序号。

(5) Sorted 属性：设置列表框中的项是否按字母和数字的顺序进行排序。设置为 True 时列表框中的项会被自动排序，设置为 False 时不自动进行排序。

**2．常用事件**

(1) SelectedIndexChanged 事件：当列表框控件的选择在向服务器的各次发送过程间更改时，触发此事件。

(2) TextChanged 事件：在 Text 和 SelectedValue 属性更改时触发此事件。

**3．常用方法**

(1) FindString 方法：从列表框控件中检索以指定字符串开始的第一项。

(2) FindForm 方法：检索列表框控件所在的窗体。

(3) Items.Add 方法：向列表框控件添加选项。

(4) Items.Clear 方法：从列表框控件中移除全部选项。

(5) Items.Insert 方法：向列表框控件指定位置插入选项。

(6) Items.Remove 方法：从列表框控件移除指定选项。

(7) Items.Count 方法：获取列表框控件中的选项数。

## 8.3.10　组合框控件(ComboBox)

Windows 窗体 ComboBox 控件用于在下拉组合框中显示数据。默认情况下，ComboBox 控件分两个部分显示：顶部是一个允许用户键入列表项的文本框；第二部分是一个列表框，它显示一个项列表，用户可从中选择一项。

1. **常用属性**

(1) Name 属性：设置组合框控件的名称。

(2) DropDownStyle 属性：设置组合框显示给用户的界面种类，分为 3 种，分别为：Simple(简单的下拉列表框)、DropDown(下拉列表框)、DropDownList(默认下拉列表框)。

2. **常用事件**

(1) DropDown 事件：当打开组合框的列表时会触发该事件。

(2) SelectedIndexChanged 事件：当 SelectedIndex 属性被修改时会触发该事件。

(3) TextChanged 事件：在 Text 更改时触发该事件。

3. **常用方法**

(1) FindString 方法：从组合框控件中检索以指定字符串开始的第一项。

(2) GetItemText 方法：返回指定项的文本表示形式。

(3) FindForm 方法：检索组合框控件所在的窗体。

(4) Items.Add 方法：向组合框控件添加选项。

(5) Items.Clear 方法：从组合框控件中移除全部选项。

(6) Items.Insert 方法：向组合框控件指定位置插入选项。

(7) Items.Remove 方法：从组合框控件移除指定选项。

(8) Items.Count 方法：获取组合框控件中的选项数。

4. **【例 8-6】生肖简介。**

1) 界面设计

(1) 在 Visual Studio 2008 开发环境中创建 Windows 应用程序。

(2) 在窗体上添加两个标签控件，一个组合框控件。

(3) 设置 Form1 窗体的 Text 属性值为“生肖简介”。Label1 的 Text 属性值为“请选择你的生肖：”，Label2 的 Text 属性值为空。ComboBox1 的 Items 为：子鼠、丑牛、寅虎、卯兔、辰龙、蛇、午马、未羊、申猴、酉鸡、戌狗、亥猪。

2) 主要事件代码

```
private void comboBox1_SelectedIndexChanged(object sender, EventArgs e)
{
        switch (comboBox1 .SelectedIndex )
         {
           case 0: label2.Text = "子鼠 子是深夜 11 点至凌晨 1 点，选择夜间活动的鼠代表子";
           break;
         case 1: label2.Text = "丑牛 牛勇于承担负荷，坚持到底，直到实现目标"; break;
         case 2: label2.Text = "寅虎 寅是草木孕育新芽的时期，虎代表欣欣向荣的气象"; break;
         case 3: label2.Text = "卯兔 卯代表万物生长的萌芽时节，兔代表生命力旺盛"; break;
         case 4: label2.Text = "辰龙 龙是瑞兆又是灵物，所以被拿来作君王之喻"; break;
         case 5: label2.Text = "巳蛇 巳有自我奋斗的意思，蛇代表果敢、永不放弃"; break;
         case 6: label2.Text = "午马 午指农忙的五月，马代表充满朝气和活力"; break;
         case 7: label2.Text = "未羊 未指阳光柔和、温暖，羊温文尔雅善良安详"; break;
         case 8: label2.Text = "申猴 申代表伸缩自如，猴代表灵活、机灵"; break;
         case 9: label2.Text = "酉鸡 酉为秋凉之时，鸡指处处充满生机、焕然一新"; break;
```

```
        case 10: label2.Text = "戌狗 戌就像人拿着戈，对人而言，狗是人类的好伙伴"; break;
        case 11: label2.Text = "亥猪 亥猪初冬见寒、草木凋零，猪长得肥胖，不爱活动"; break;
        default: label2.Text = "选择错误"; break;
      }
    }
```

3) 运行效果

运行效果如图 8-11 所示。

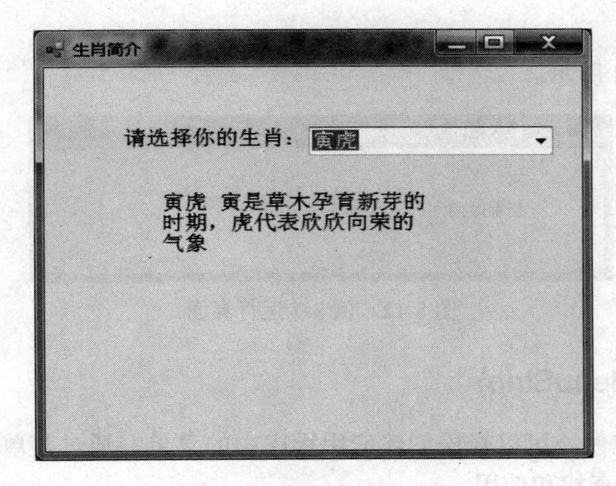


图 8-11 例 8-6 运行界面

### 8.3.11 定时器控件(Timer)

Windows 窗体 Timer 是定期引发事件的控件，是一个运行时不可见的控件。

1．常用属性

(1) Interval 属性：设置时间间隔的长度，其值以毫秒为单位。

(2) Enabled 属性：设置是否启用定时器控件。

**2．常用事件**

(1) Tick 事件：定时器控件达到指定的时间间隔时自动触发该事件，定时自动触发完成的操作一般放到该事件中。

**3．常用方法**

(1) Start 方法：启动定时器。

(2) Stop 方法：停止定时器。

**4．【例 8-7】显示系统时间。**

1) 界面设计

(1) 在 Visual Studio 2008 开发环境中创建 Windows 应用程序。

(2) 在窗体上添加一个标签控件，一个定时器控件。

(3) 设置 Form1 窗体的 Text 属性值为“时间显示”。Label1 的 Text 属性值为“当前时间为：”。Timer1 的 Interval 为 1000 毫秒。

2) 主要事件代码

```
private void Form1_Load(object sender, EventArgs e)
```

```
        {
            timer1.Start();//启动定时器
        }
    private void timer1_Tick(object sender, EventArgs e)
        {
            label1.Text ="当前时间为："+DateTime.Now.ToString();//获取当前时间显示在标签上
        }
```

3) 运行效果

运行效果如图 8-12 所示。

图 8-12　例 8-7 运行界面

### 8.3.12　菜单控件(MenuStrip)

使用 MenuStrip 控件，可以轻松创建应用程序中的菜单，通过菜单把应用程序的功能进行分组，能够方便用户查找和使用。

**1．常用属性**

(1) Name 属性：设置菜单对象的名称。

(2) Items 属性：菜单中显示的项的集合。

(3) Text 属性：与菜单相关联的文本。

**2．常用事件**

(1) Click 事件：当单击菜单项时触发该事件。

(2) DropDawnOpened 事件：当下拉菜单打开时触发该事件。

### 8.3.13　工具条控件(ToolStrip)

使用 ToolStrip 控件，可以轻松创建应用程序中的工具栏，工具条控件中可以包含按钮、标签、下拉按钮、文本框、组合框等。

**1．常用属性**

(1) ImageScalingSize 属性：设置工具条的项显示的图像的大小。

(2) Items 属性：工具条上显示的项的集合。

**2．工具条上的按钮和标签的常用属性**

(1) DisplayStyle 属性：设置图像和文本的显示方式，包括显示文本、显示图像、显示文本和图像或什么都不显示。

(2) Image 属性：按钮或标签上显示的图片。

(3) Text 属性：按钮或标签上显示的文本。

**3．常用事件**

Click 事件：当单击时触发此事件。

### 8.3.14 状态条控件(StatusStrip)

使用 StatusStrip 控件，可以轻松创建应用程序中的状态条，状态条常常放在窗体的底部，用来显示一些基本信息。在状态条控件中可以包含标签、下拉按钮等，常常和工具条、菜单等配合使用。

**1．常用属性**

(1) ImageScalingSize 属性：设置工具条的项显示的图像的大小。

(2) Items 属性：工具条上显示的项的集合。

**2．状态条上的按钮和标签的常用属性**

(1) DisplayStyle 属性：设置图像和文本的显示方式，包括显示文本、显示图像、显示文本和图像或什么都不显示。

(2) Image 属性：按钮或标签上显示的图片。

(3) Text 属性：按钮或标签上显示的文本。

**3．常用事件**

Click 事件：当单击时触发此事件。

**4.【例 8-8】菜单工具栏状态栏使用。**

1) 界面设计

(1) 在 Visual Studio 2008 开发环境中创建 Windows 应用程序。

(2) 在窗体上添加表 8-4 所示的控件。

表 8-4 例 8-8 使用的控件及属性

| 控件类型 | Text | Name | 说明 |
|---|---|---|---|
| menuStrip | 空 | menuStrip1 | 主菜单 |
| 顶级菜单 | 编辑 | tsmiEdit | 编辑菜单 |
| 子菜单 | 复制 | tsmiCopy | |
| | 剪切 | tsmiCut | |
| | 粘贴 | tsmiPaste | |
| | 全选 | tsmiSelectAll | |
| | 删除 | tsmiDelete | |
| 顶级菜单 | 帮助 | tsmiHelp | 帮助菜单 |
| toolStrip | toolStrip1 | toolStrip1 | 工具栏 |
| 工具栏 Button | 复制 | tsbCopy | |
| | 剪切 | tsbCut | |
| | 粘贴 | tsbPaste | |
| statusStrip | statusStrip1 | statusStrip1 | 状态栏 |
| statusStripLable | 空 | sslXY | 显示鼠标的位置 |

2) 主要事件代码

```
private void tsmiCopy_Click(object sender, EventArgs e)
{
```

```
        txtEdit.Copy();//实现文本框复制
    }
private void tsmiCut_Click(object sender, EventArgs e)
    {
        txtEdit.Cut();//实现文本框剪切
    }

private void tsmiPaste_Click(object sender, EventArgs e)
    {
        txtEdit.Paste();//实现文本框粘贴
    }

private void tsmiSelectAll_Click(object sender, EventArgs e)
    {
        txtEdit.SelectAll();//实现文本框全选
    }

private void tsmiDelete_Click(object sender, EventArgs e)
    {
        txtEdit.SelectedText = "";//实现文本框删除
    }

private void tsbCopy_Click(object sender, EventArgs e)
    {
        tsmiCopy_Click(sender, e); //调用复制菜单的单击事件
    }

private void tsbCut_Click(object sender, EventArgs e)
    {
        tsmiCut_Click(sender, e); //调用剪切菜单的单击事件
    }

private void tsbPaste_Click(object sender, EventArgs e)
    {
        tsmiPaste_Click(sender ,e); //调用粘贴菜单的单击事件
    }
//文本框的MouseMove事件
private void txtEdit_MouseMove(object sender, MouseEventArgs e)
    {
        //文本框内移动鼠标时，把鼠标坐标值显示在状态栏中
```

```
        tsslXY.Text = string.Format("当前位置是 x 轴:{0},y 轴:{1}", e.X, e.Y);
    }
    private void tsmiHelp_Click(object sender, EventArgs e)
    {
        MessageBox.Show("抱歉，此功能尚未提供!","提示");
    }
```

3) 运行效果

运行效果如图 8-13 所示。

图 8-13　例 8-8 运行界面

### 8.3.15　“打开”和“另存为”对话框(OpenFileDialog 和 SaveFileDialog)

“打开”和“另存为”对话框控件是 Windows 应用程序打开和保存文件的两种基本工具。

**1．常用属性**

(1) FileName 属性：获取或设置对话框中选中的文件名。

(2) FileNames 属性：获取或设置对话框中所有选中的文件名

(3) Filter 属性：获取或设置对话框的筛选器。

(4) ReadOnlyChecked 属性：是否选中只读复选框。

(5) Title 属性：获取或设置对话框的标题。

**2．常用事件**

FileOk 事件：单击对话框上的“打开”或“保存”按钮时触发此事件。

**3．常用方法**

(1) ShowDialog 方法：运行对话框。

(2) OpenFile 方法：打开用户选定的文件。

**4．【例 8-9】浏览图片。**

1) 界面设计

(1) 在 Visual Studio 2008 开发环境中创建 Windows 应用程序。

(2) 在窗体上添加一个图片框控件，一个按钮控件。

(3) 设置 Form1 窗体的 Text 属性值为“浏览图片”。Button1 的 Text 属性为“浏览”。

2) 主要事件代码

```
private void Form1_Load(object sender, EventArgs e)
```

```
{
    pictureBox1.Height = 200; //设置图片框的高度为 200 像素
    pictureBox1.Width = 300; //设置图片框的宽度为 300 像素
    pictureBox1.SizeMode = PictureBoxSizeMode.StretchImage; //设置图片框的图像填充方
    式为 StretchImage
}

private void button1_Click(object sender, EventArgs e)
{
    OpenFileDialog dlg = new OpenFileDialog();//打开文件对话框
    dlg.Filter ="图片文件|*.bmp;*.jpg|所有文件|*.*";//筛选器为图片文件及所有文件
    if (dlg.ShowDialog() == DialogResult.OK)
      //显示所选择的图像
     pictureBox1.ImageLocation = dlg.FileName;
}
```

3) 运行效果

运行效果如图 8-14 所示。

图 8-14　例 8-9 运行界面

## 8.3.16　字体对话框(FontDialog)

使用 FontDialog 控件，可以设置字体的类型、样式、大小以及删除线和下划线等效果。

### 1．常用属性

(1) ShowColor 属性：控制是否显示颜色选项。

(2) AllowScriptChange 属性：是否显示字体的字符集。

(3) Font 属性：在对话框显示的字体。

(4) AllowVerticalFonts 属性：是否可选择垂直字体。

(5) Color 属性：在对话框中选择的颜色。

(6) FontMustExist 属性：当字体不存在时是否显示错误。

(7) MaxSize 属性：可选择的最大字号。
(8) MinSize 属性：可选择的最小字号。
(9) ScriptsOnly 属性：显示排除 OEM 和 Symbol 字体。
(10) ShowApply 属性：是否显示“应用”按钮。
(11) ShowEffects 属性：是否显示下划线、删除线、字体颜色选项。
(12) ShowHelp 属性：是否显示“帮助”按钮。

**2．常用事件**

(1) Apply 事件：单击“应用”按钮时触发此事件。
(2) HelpRequest 事件：单击“帮助”按钮时触发此事件

### 8.3.17 颜色对话框(ColorDialog)

使用 ColorDialog 可以从调色板中选择颜色或自定义颜色。

**1．常用属性**

(1) AllowFullOpen 属性：禁止和启用“自定义颜色”按钮。
(2) FullOpen 属性：是否最先显示对话框的“自定义颜色”部分。
(3) ShowHelp 属性：是否显示“帮助”按钮。
(4) Color 属性：在对话框中显示的颜色。
(5) AnyColor 属性：显示可选择任何颜色。
(6) CustomColors 属性：是否显示自定义颜色。
(7) SolidColorOnly 属性：是否只能选择纯色。

**2．常用事件**

HelpRequest 事件：单击“帮助”按钮时触发此事件。

**3．【例 8-10】设置字体颜色。**

1) 界面设计

(1) 在 Visual Studio 2008 开发环境中创建 Windows 应用程序。
(2) 在窗体上添加一个文本框控件，两个按钮控件。
(3) 设置文本框的 Name 属性值为 “txtEdit”,Multiline 属性值为“True”。按钮控件的 Name 属性分别为“btnFont”、“btnColor”,Text 属性分别为 “字体”、“颜色”。

2) 主要事件代码

```
private void btnFont_Click(object sender, EventArgs e)//单击字体按钮
 {
    FontDialog ftdlg = new FontDialog();//定义字体对话框
    if (ftdlg.ShowDialog() == DialogResult.OK) //显示字体对话框
      {
         txtEdit.Font = ftdlg.Font; //设置文本框字体为字体对话框所选字体
      }
 }

private void btnColor_Click(object sender, EventArgs e) //单击颜色按钮
 {
```

```
        ColorDialog cldlg = new ColorDialog();//定义颜色对话框
        if (cldlg.ShowDialog() == DialogResult.OK) //显示颜色对话框
          {
              txtEdit.ForeColor = cldlg.Color; //设置文本框字体颜色为颜色对话框所选颜色
          }
    }
```

3) 运行效果

运行效果如图 8-15 所示。

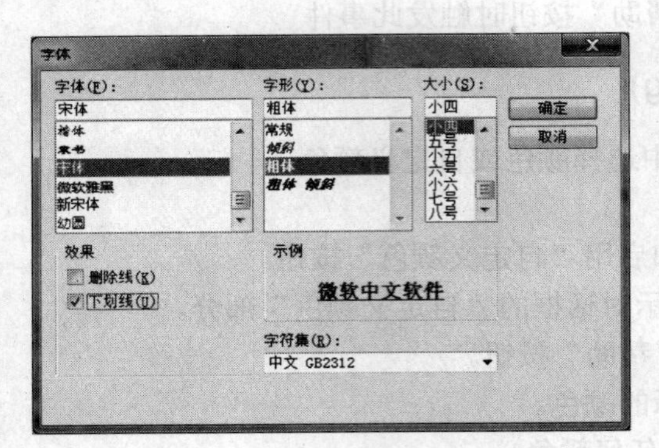


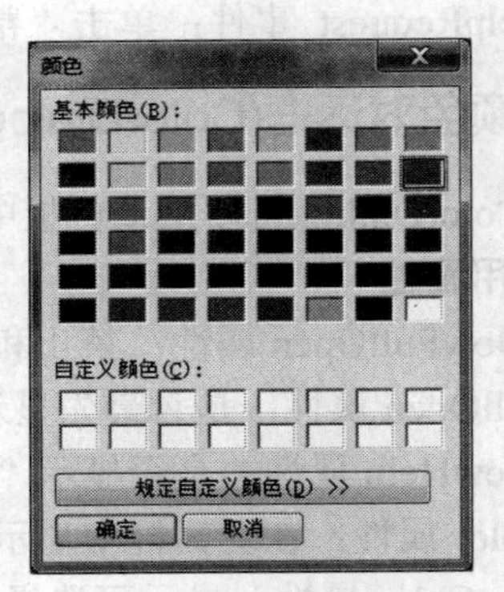


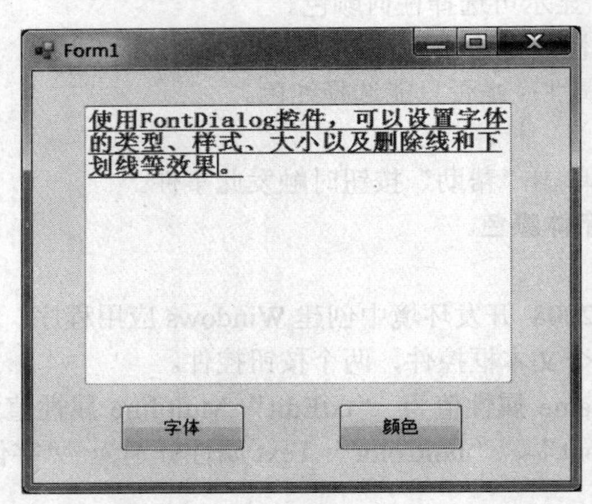


图 8-15　例 8-10 运行界面

## 8.4 综合实例

下面介绍简单计算器的设计过程。

### 1. 界面设计

(1) 启动 Visual Studio 2008 集成开发环境，选择“文件”|“新建”|“项目”命令，打开新建项目对话框，在项目类型中选择“Visual C#”，在模板中选择“Windows 应用程序”，输入项目名称 Calculator，选择相应的项目路径，单击“确定”按钮创建项目。

(2) 设置 Form1 窗体的 Text 属性值为“整数计算器”。

(3) 在窗体上添加表 8-5 所示的控件。

表 8-5　简单计算器使用的控件及属性

| 控件类型 | Text | Name | 说明 |
| --- | --- | --- | --- |
| Label | 简单计算器只能进行整数运算 | lblExplanation | 程序功能说明 |
| | 请选择操作符 | lblSuggest | 选择操作符提示 |
| TextBox | 空 | txtResult | 显示结果 |
| ComboBox | 空 | cboSelect | 运算符选择<br>Items 为：<br>＋<br>－<br>×<br>÷ |
| Button | on/off | btnSwitch | 打开/关闭 |
| | CE | btnClear | 清空 |
| | — | btnMinus | 负号 |
| | ＝ | btnEqual | 等 |
| | 0 | btnZero | “0” |
| | 1 | btnOne | “1” |
| | 2 | btnTwo | “2” |
| | 3 | btnThree | “3” |
| | 4 | btnFour | “4” |
| | 5 | btnFive | “5” |
| | 6 | btnSix | “6” |
| | 7 | btnSeven | “7” |
| | 8 | btnEight | “8” |
| | 9 | btnNine | “9” |

(4) 设置好的界面如图 8-16 所示。

图 8-16　计算器运行界面

**2．程序设计**

1) 定义变量

```
private bool on=false;//计算器的开关状态
private int number=－1; //存储所单击数字按钮的值
private int sign=0; //数值正负，0 为正数，1 为负数
private int operation=0; //选择了哪一个操作符，0 未选择，1 加，2 减，3 乘，4 除
private int number1=0; //第一个整数
private int number2=0; //第二个整数
private int number_result=0; //运算后的结果
```

2) 数字按钮的事件代码

以数字按钮“1”为例，其它数字按钮类似。

在 Form1 窗体中双击 btnOne 按钮，进入代码编辑窗口，并自动生成按钮单击事件，代码如下：

```
private void btnOne_Click(object sender, EventArgs e)
 {
     number = 1;
     if (sign == 0)//如果是正数
       {
         if (operation == 0)//如果没有选择操作符
          {
              number1 = 10 * number1 + number;/* number1 扩大 10 倍，把 number 中的数字加
              在最后*/
             txtResult.Text = Convert.ToString(number1); /* number1 转换为字符串放入文
           本框*/
          }
         else //如果选择了操作符则对 number2 扩大 10 倍加上 number
          {
             number2 = 10 * number2 + number;
             txtResult.Text = Convert.ToString(number2);
          }
       }
     else //如果是负数
      {
         if (operation == 0)
          {
             number1 = 10 * number1 - number;
             txtResult.Text = Convert.ToString(number1);
          }
        else
          {
```

```
                number2 = 10 * number2 - number;
                txtResult.Text = Convert.ToString(number2);
            }
        }
    }
```

3) 负号按钮的事件代码

```
private void btnMinus_Click(object sender, EventArgs e)
{
    if(txtResult.Text=="")//文本框为空说明数字选择尚未开始，单击负号按钮要设置为负数
    Sign=1;
    txtResult.Text="-";
}
```

4) “CE”按钮的事件代码

```
private void btnClear_Click(object sender, EventArgs e)
{
  //状态初始化
   txtResult.Text = "";
   number1 = 0;
   number2 = 0;
   number_result = 0;
   operation = 0;
   sign = 0;
}
```

5) “on/off”按钮的事件代码

```
private void btnSwitch_Click(object sender, EventArgs e)
{
    if(on==true)//如果原来是开状态
    {
        On=false;//关闭
        //数字按钮及符号按钮设为不可用
        btnOne.Enabled=false;
        btnTwo.Enabled=false;
        btnThree.Enabled=false;
        btnFour.Enabled=false;
        btnFive.Enabled=false;
        btnSix.Enabled=false;
        btnSeven.Enabled=false;
        btnEight.Enabled=false;
        btnNine.Enabled=false;
        btnMinus.Enabled=false;
```

```
            btnEqual.Enabled=false;
            cboSelect.Enabled=false;
            btnEqual.Enabled= false;
            //状态初始化
            txtResult.Text = "";
            number1 = 0;
            number2 = 0;
            number_result = 0;
            operation = 0;
            sign = 0;
        }
    else
     {
            On=true;//打开
            //数字按钮及符号按钮设为可用
            btnOne.Enabled=true;
            btnTwo.Enabled= true;
            btnThree.Enabled= true;
            btnFour.Enabled= true;
            btnFive.Enabled= true;
            btnSix.Enabled= true;
            btnSeven.Enabled= true;
            btnEight.Enabled= true;
            btnNine.Enabled= true;
            btnMinus.Enabled= true;
            btnEqual.Enabled= true;
            cboSelect.Enabled= true;
            btnEqual.Enabled= true;
        }
    }
```

6) 组合框控件的事件代码

在 Form1 窗体中双击组合框 cboSelect，进入代码编辑窗口，并自动生成组合框的选择项，改变 SelectedIndexChanged 事件。

```
Private void cboSelect_SelectedIndexChanged(object sender, EventArgs e)
 {
     Switch(cboSelect.Text)//根据组合框选择的操作符，设置operation的值
       {
          case "＋": operation=1; break;
          case "－": operation=2; break;
          case "×": operation=3; break;
```

```
            case "÷": operation=4; break;
            default :  operation=0; break;//没有选择任何操作符
        }
    }
```

7) “=”按钮的事件代码

```
private void btnEqual_Click(object sender, EventArgs e)
{
    switch(operation)
    {
        case 1: //加运算
            number_result=number1+number2;//两数相加
            txtResult.Text=Convert.ToString(number_result);//结果放入文本框
            break;
        case 2: //减运算
            number_result=number1-number2;//两数相减
            txtResult.Text=Convert.ToString(number_result);//结果放入文本框
            break;
        case 3: //乘运算
            number_result=number1*number2;//两数相乘
            txtResult.Text=Convert.ToString(number_result);//结果放入文本框
            break;
        case 4: //除运算
            if(number2==0)
            {
                MessageBox.Show("除数不能为零！");
            }
            else
            {
                number_result=number1/number2;//两数相除
                txtResult.Text=Convert.ToString(number_result);//结果放入文本框
            }
            break;
    }
    //状态初始化
    number1 = 0;
    number2 = 0;
    number_result = 0;
    operation = 0;
    sign = 0;
}
```

## 习 题 8

1．什么是属性？如何设置窗体和控件的属性？

2．简述 TextBox 控件与 Label 控件的区别。

3．简述单选按钮与复选框的区别与联系。

4．简述定时器控件的常用属性与方法。

5．“打开”和“另存为”对话框的筛选器如何设置？

# 第9章　数据库应用

## 9.1　数据库基础

随着信息技术的发展，各行各业均进行相应的信息化建设，其中应用软件的开发中，约70%属于数据库应用软件开发。数据库系统的推广使用使得计算机应用迅速渗透到国民经济的各个部门和社会的每一个角落，并改变着人们的工作方式和生活方式。数据库作为数据管理的最新技术，得到了大量的应用。

### 9.1.1　数据库概述

现实世界中的事物总是被抽象为各种类型的数据并为计算机所管理。在计算机硬件、软件发展的基础上，目前数据管理技术已经进入到数据库系统阶段。虽然用文件系统管理数据还在使用，但是其局限性是十分明显的。例如，我们使用记事本编辑个人的通讯录，其中有的联系人重复输入会导致数据冗余，把生日输成2050年系统也不会报错，自己在进行编辑时即便完全共享了文件，别人也不能同时修改其中的数据等。

数据库(DataBase，DB)，是计算机中存储数据的“仓库”，是存储在计算机内部的大量的、有组织的、有较小的冗余度、可以共享的数据集合。

数据库具备下述特点：

**1．数据的整体结构化**

数据库系统中采用统一的数据结构方式，数据的结构化是数据库系统与文件系统的根本区别；数据库系统中的全局的数据结构是多个应用程序共用的，而每个应用程序调用的数据是全局结构的一部分，称为局部结构(即视图)，这种全局与局部的结构模式构成数据库系统数据集成性的主要特征。

数据库系统中采用统一的数据结构方式，数据的结构化是数据库系统与文件系统的根本区别；数据库系统中的全局的数据结构是多个应用程序共用的，而每个应用程序调用的数据是全局结构的一部分，称为局部结构(即视图)，这种全局与局部的结构模式构成数据库系统数据集成性的主要特征。

**2．数据的高度共享性与低冗余性**

数据库系统从整体角度看待和描述数据，数据不再面向某个应用而是面向整个系统，因此，数据可以被多个用户、多个应用共享使用。尤其是数据库技术与网络技术的结合扩大了数据库系统的应用范围。数据的共享程度可以极大地减少数据的冗余度，节约存储空间，又能避免数据之间的不相容性和不一致性(所谓数据的不一致性，是指同一数据在系统的不同复制的值不一样)。

**3．数据独立性高**

数据的独立性是指用户的应用程序与数据库中数据是相互独立的，即当数据的物理结构和逻辑结构发生变化时，不影响应用程序对数据的使用。数据的独立性是由 DBMS 的二级映像功能来保证的。数据的独立性一般分为两种：一种是物理独立性，另一种是逻辑独立性。物理独立性是指数据的物理结构(包括存储结构、存取方式等)的改变，如存储设备的更换、物理存储的更换、存取方式改变等都不影响数据库的逻辑结构，从而不致引起应用程序的改变。逻辑独立性是指数据的总体逻辑结构改变时，如修改数据模式、改变数据间的联系等，不需要修改相应的应用程序。

**4．数据的管理和控制能力**

数据库系统对访问数据库的用户进行身份及其操作的合法性检查，保证了数据库中数据的安全性；数据库系统自动检查数据的一致性、相容性，保证数据应符合完整性约束条件；数据库系统提供并发控制手段，能有效控制多个用户程序同时对数据库数据的操作，保证共享及并发操作；数据库系统具有恢复功能，即当数据库遭到破坏时能自动从错误状态恢复到正确状态的功能。

提供数据安全性、完整性、并发控制、恢复等管理能力的系统软件便是数据库系统的核心——数据库管理系统。

数据库管理系统(DataBase Management System，DBMS)是位于用户和操作系统之间的系统软件，在操作系统支持下科学地组织和存储数据，高效地获取和维护数据，用来完成数据库建立、运行、备份、恢复等管理工作。

数据库系统阶段应用程序与数据之间的对应关系如图 9-1 所示。

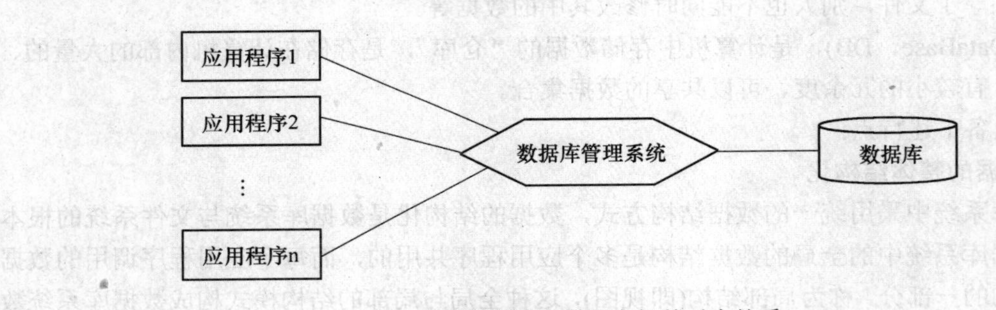


图 9-1　应用程序与数据之间的对应关系

根据数据模型，即实现数据结构化所采用的联系方式，数据库可以分为层次数据库、网状数据库、关系数据库、面向对象数据库等。现行 DBMS 多基于关系(Relation)模型，面向对象模型也是对关系模型的扩展。

在用户看来，关系模型是由一组关系组成的。每个关系的数据结构是一张规范的二维表(由行和列组成)，见表 9-1。每个表(Table)都有一个名称，称作表名，一般来说，同一个数据库中的表名不能相同。

表中存储了若干行的数据，每一行数据称作一条“记录”(Record)。表中纵向栏称作列，又称作“字段”(Field)。关系表中的某个字段或某些字段的组合在全表中是唯一的，这保证了可以通过这个来唯一标识一条记录，这种标识定义为主键(Primary Key)。每一个字段(列)都有一个名称，称作字段名或列名。同一个表中，列名不能相同。应用程序通过表名和列名访问数据库中的数据。

表 9-1 学生基本信息表

| 学号 | 姓名 | 性别 | 出生日期 | 所在系 | 家庭住址 | 入学成绩 |
|---|---|---|---|---|---|---|
| 20050101 | 李勇为 | 男 | 12-23-1986 | 计算机 | 北京市朝阳区 | 560.5 |
| 20050201 | 刘晨 | 男 | 05-09-1987 | 中文 | 河南省郑州市二七区 | 573 |
| 20050102 | 欧阳利敏 | 女 | 03-29-1987 | 计算机 | 湖北省武汉市汉阳区 | 569.5 |
| 20050104 | 张立信 | 男 | 08-21-1986 | 计算机 | 广东省深圳市罗湖区 | 576 |
| 20050208 | 刘晨 | 女 | 08-13-1988 | 计算机 | 广东省广州市天河区 | 596 |
| 20050204 | 马明宇 | 男 | 06-30-1986 | 中文 | 安徽省凤阳县 | 556.5 |
| …… | …… | …… | …… | …… | …… | …… |

在关系数据库的物理组织中，不同的 RDBMS 有不同的处理方式。有的是一个表对应一个操作系统文件，有的是多个表对应一个操作系统文件。如 SQL Server 中，假如数据库只有一个主数据文件，则数据库中的所有表都保存在该主数据文件中。

数据库系统是计算机系统在引入数据库后的系统，一般包括数据库、数据库管理系统(及其开发工具)、应用系统、数据库管理员、用户。可以表示如图 9-2 所示。

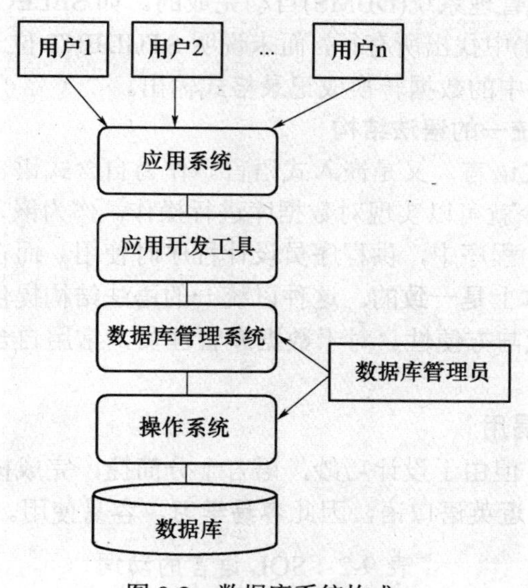


图 9-2 数据库系统构成

不引起混淆的情况下数据库系统简称数据库。

实际应用当中，普通用户通过应用程序员利用应用开发工具所开发的应用程序，应用程序通过 DBMS，DBMS 通过操作系统，来使用存储在计算机存储设备上的数据库中的数据；数据库管理员(DataBase Administrator，DBA)通过操作系统和 DBMS 提供的功能来完成数据库的建立、使用和维护等工作。

目前，关系数据库应用最为广泛，已经成为数据库设计事实上的标准。这不仅因为关系模型自身的强大功能，而且还由于它提供了叫做结构化查询语言(SQL)的标准接口。

知名的关系数据库管理系统(RDBMS)产品有 Oracle、DB2、SQL Server、MySQL 等。

### 9.1.2 SQL 语言概述

结构化查询语言(Structured Query Language，SQL)SQL 最早是在 IBM 公司研制的数据库管理系统 System R 上实现的。由于它接近于英语口语，简洁易学，功能丰富，使用灵活，受到广泛的支持。经不断发展完善和扩充，SQL 被美国国家标准局(ANSI)确定为关系型数据库语言的美国标准，后又被国际标准化组织(ISO)采纳为关系型数据库语言的国际标准。

如今，所有的数据库生产厂家都推出了各自的支持 SQL 的关系数据库管理系统，但都在支持标准 SQL 的基础上对 SQL 语言功能上有所扩充，如 SQL Server 中的 Transact-SQL、ORACLE 中的 PL/SQL 等。

SQL 语言具有以下特点。

**1．一体化**

SQL 虽然称为结构化查询语言，但实际上它可以实现数据查询、定义、操纵和控制等全部功能。它把关系型数据库的数据定义语言 DDL、数据操纵语言 DML 和数据控制语言 DCL 集为一体，统一在一个语言中。

**2．高度非过程化**

用 SQL 语言进行数据操作，只需指出“做什么”，无需指明“怎么做”，存取路径的选择和操作的执行是由数据库管理系统(DBMS)自动完成的。如 SELECT * FROM STUDENT，指出从 STUDENT(表或视图)中找出所有行，而未说明 STUDENT 位于哪个磁盘的什么位置，也无需说出如何读出那些簇中的数据转换成记录格式输出。

**3．两种使用方式和统一的语法结构**

SQL 语言既是自含式语言，又是嵌入式语言。作为自含式语言，它可单独使用，用户在终端上直接键入 SQL 命令就可以实现对数据库进行操作。作为嵌入式语言，它能够嵌入到高级语言(例如 C#、C、VB)程序中，供程序员设计程序时使用。而在两种不同的使用方式下，SQL 语言的语法结构基本上是一致的。这种以统一的语法结构提供两种不同的使用方式的做法，提供了极大的灵活性与方便性。对于数据库管理员，常用自含式使用方式；而应用程序员则多用嵌入式使用方式。

**4．语言简捷，易学易用**

SQL 语言功能极强，但由于设计巧妙，语言十分简捷，完成核心功能只用 9 个动词，如表 9-2 所示。SQL 语言接近英语口语，因此容易学习，容易使用。

表 9-2　SQL 语言的动词

| SQL 功 能 | 动　　词 |
|---|---|
| 数据查询 | SELECT |
| 数据定义 | CREATE，ALTER，DROP |
| 数据操纵 | INSERT，UPDATE，DELETE |
| 数据控制 | GRANT，REVOKE |

SQL 语言的数据查询功能十分强大，用法也十分灵活，可以进行单表查询、多表连接查询，以及嵌套查询等。在此简单介绍 SQL 中实现数据查询功能的 SELECT 语句。

SELECT 查询语句格式如下：

```
SELECT [DISTINCT] <列名>  [ ，<列名>，…]    //查询的结果的目标列名表
```

```
FROM <表名> [,<表名,…>                              //要操作的关系表
[WHERE <条件表达式> ]                               //查询结果应满足的条件或连接条件
[GROUP BY <列名>[,<列名>,…] [HAVING <条件>//分组查询结果并分组条件
[ORDER BY <列名> [ASC | DESC];                    //排列查询结果
```

其中[ ]内的内容是可选项，而 SELECT 和 FROM 后面的内容是一个 SELECT 语句所必需的。SELECT 后面给出的是要在查询结果窗口中显示的列，FROM 后面的内容是查询涉及的数据表或视图的名称。WHERE 是可选项，如果要查询的结果是全部数据，不需要满足条件，则可以没有该项，该项给出的是查询应满足的条件。ORDER BY 后面的列名用于排序，根据其后的列名按升序(ASC)或者降序(DESC)排列要显示的数据。

以常见的学生与课程之间的多对多选修关系为例，给出部分 SELECT 语句的例子。

在学生表中有学号、姓名、性别、籍贯、备注五列；在课程表中有课程号、课程名、课程类型、学分四列；在成绩表中有学号、课程号、成绩三列。

注意，所有的字符为纯文本，标点字母均为西文标准。

**【例 9-1】**查询全部课程的课程号、课程名、课程类型，并把查询结果按照课程类型升序排列。代码如下：

```
SELECT 课程号,课程名,课程类型
FROM 课程
ORDER BY 课程类型
```

**【例 9-2】**查询所有选修了课程的学生的学号及平均成绩，代码如下：

```
SELECT 学号,AVG(成绩)
FROM 成绩
GROUP BY 学号
```

**【例 9-3】**查找所有女生的学号、姓名、课程名以及成绩，代码如下：

```
SELECT 成绩.学号,姓名,课程名,成绩
FROM 学生,课程,成绩
WHERE 学生.学号=成绩.学号 AND  成绩.课程号=课程.课程号 AND  性别='女'
```

**【例 9-4】**查找所有学生表中的记录，代码如下：

```
SELECT *
FROM 学生
```

### 9.1.3 数据库应用

在针对数据库的应用软件开发过程中，根据网络环境、计算机的软硬件、用户业务的不同组合，数据库系统有多种工作模式(即软件系统体系结构)。最常见的为 C/S 工作模式和 B/S 工作模式。

C/S 模式客户机/服务器模式(Client/Server，简称 C/S)，又称 C/S 结构。两层结构。其原理如图 9-3 所示。

C/S 结构的关键在于功能的分布，一些功能放在前端机(即客户机)上执行，另一些功能放在后端机(即服务器)上执行。

服务器通常采用高性能的 PC、工作站或小型机，安装网络操作系统并采用大型数据库系统，如 ORACLE、SYBASE 或 SQL Server。主要完成数据存储和处理。

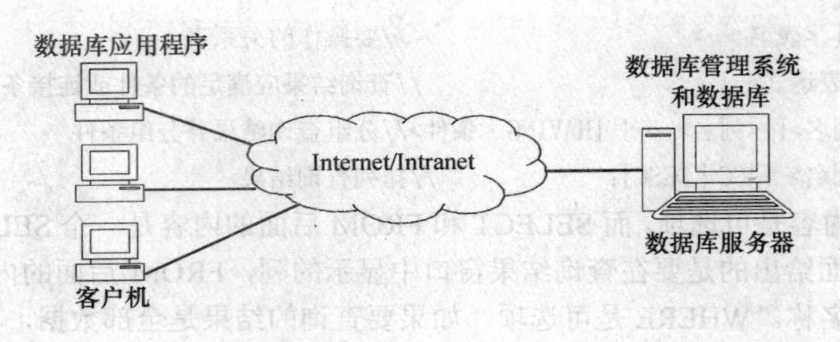


图 9-3　C/S 体系结构

客户端需要安装专用的数据库应用程序。主要完成界面展示美化以及用户特定的业务逻辑。

C/S 结构的主要优点是能充分发挥客户端 PC 的处理能力，很多工作可以在客户端处理后再提交给服务器，因而客户端响应速度快。

C/S 结构的主要缺点是客户端需要安装专用的客户端软件，安装的工作量大，系统软件升级时，每一台客户机需要重新安装，其维护和升级成本非常高。

假如有多个数据库应用系统，每个客户机上就要安装多个前端客户程序，因此这种工作模式也称为胖客户机模式。设想一台客户机上同时装有 QQ、MSN、飞信、阿里旺旺的状况。

采用 C/S 结构的软件系统多是基于行业的数据库应用，如股票接收系统、邮局汇款系统。

B/S 模式浏览器/服务器模式(Browser/Server，简称 B/S)，又称 B/S 结构，国外称 Web 应用。其原理如图 9-4 所示。

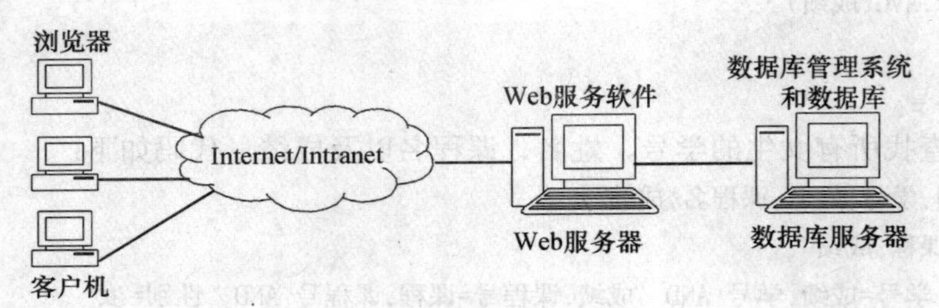


图 9-4　B/S 体系结构

B/S 是随着 Internet 技术的兴起，对 C/S 模式应用的扩展。在这种结构下，用户工作界面是通过浏览器来实现的。

客户机只需要安装浏览器软件，如 Windows 内嵌的 IE 即可，也称瘦客户机。

中间的 Web 应用服务器，如微软公司的 IIS 等是连接前端客户机和后台数据库服务器的桥梁，主要的数据计算和应用都在此完成，因此对中间层服务器的要求较高，开发中间层应用的技术人员需要具备一定的编程基础。

后台数据库服务器主要完成数据的管理。

例如一些招聘网站就需要采用 B/S 模式，客户端分散，且应用简单，只需要进行简单的浏览和少量信息的录入。

B/S 模式最大特点是：客户端除了 WWW 浏览器，一般无需任何用户程序，只需从 Web 服务器上下载程序到本地来执行，在下载过程中若遇到与数据库有关的指令，由 Web 服务器交给数据库服务器来解释执行，并返回给 Web 服务器，Web 服务器又返回给用户。

用户可以通过 WWW 浏览器去访问 Internet 上的文本、数据、图像、动画、视频点播和声音信息，这些信息都是由许许多多的 Web 服务器产生的，而每一个 Web 服务器又可以通过各种方式与数据库服务器连接，大量的数据实际存放在数据库服务器中。

B/S 模式最大的优点是运行维护比较简便，能实现不同的人员，从不同的地点，以不同的接入方式(比如 LAN, WAN, Internet/Intranet 等)访问和操作共同的数据；最大的缺点是客户端只能完成浏览、查询、数据输入等简单功能，绝大部分工作由服务器承担，这使得服务器的负担很重。

B/S 和 C/S 二者各有千秋，谁也无法取代谁。在这几年的发展中将 B/S 与 C/S 的优势完美地结合起来，重业务逻辑表现的子系统采用 C/S 模式，而重在查询的应用采用 B/S 模式。

## 9.1.4 创建数据库

为了更好地理解 C#如何使用 ADO.NET 针对数据库进行开发应用，我们在 SQL express 中创建一个简单的示例数据库。

数据库名称：sm。其中有三个表：

Student(sno，sname，ssex，sbirthday，sdept，saddress，smark，smemo)；

Course(cno，cname，ccredit)；

Grade(sno，cno，regulargrade，examgrade，totalgrade)。

创建该示例数据库的 SQL 代码如下，将其在 SQL Server Management Studio Express 中的查询窗口中执行即可(见图 9-5)。

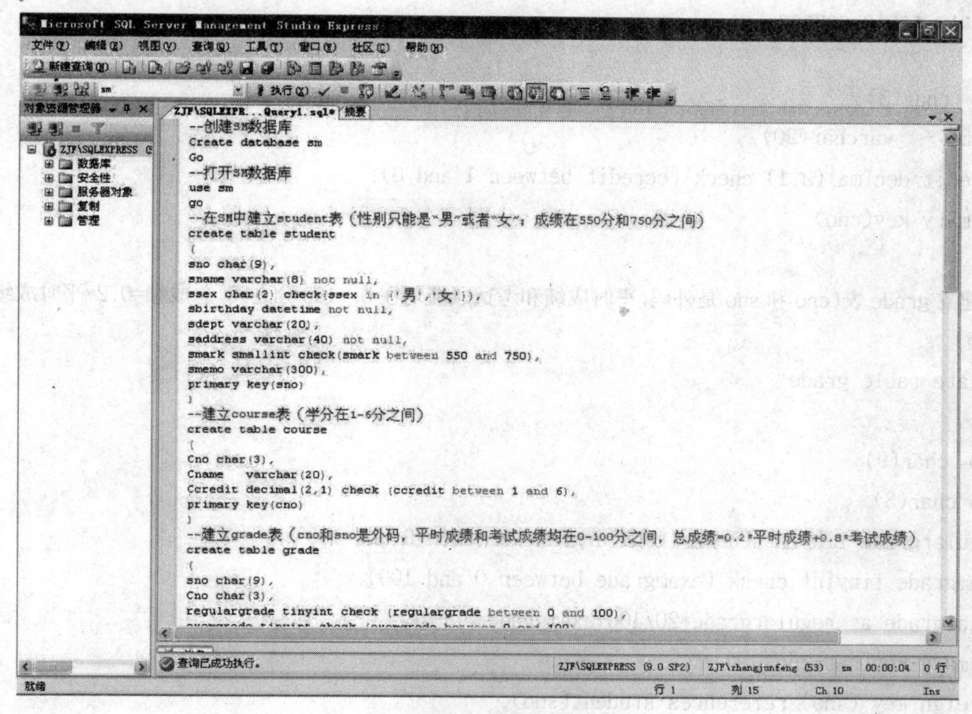


图 9-5　SQL 代码编辑执行界面

**【例 9-5】**创建示例数据库参考 SQL 代码：

```
--创建 SM 数据库
```

```
Create database sm
Go
--打开 SM 数据库
use sm
go
--在 SM 中建立 student 表(性别只能是“男”或者“女”;成绩在 550 分~750 分之间)
create table student
(
sno char(9),
sname varchar(8) not null,
ssex char(2) check(ssex in ('男','女')),
sbirthday datetime not null,
sdept varchar(20),
saddress varchar(40) not null,
smark smallint check(smark between 550 and 750),
smemo varchar(300),
primary key(sno)
)
--建立 course 表(学分在 1~6 分之间)
create table course
(
Cno  char(3),
Cname    varchar(20),
Ccredit decimal(2,1) check (ccredit between 1 and 6),
primary key(cno)
)
--建立 grade 表(cno 和 sno 是外码,平时成绩和考试成绩均在 0~100 分之间,总成绩=0.2*平时成绩+0.8*考试成绩)
create table grade
(
sno  char(9),
Cno char(3),
regulargrade tinyint check (regulargrade between 0 and 100),
examgrade tinyint check (examgrade between 0 and 100),
totalgrade as regulargrade*20/100+examgrade*80/100,
primary key(sno,cno),
foreign key (sno) references student(sno),
foreign key (cno) references course(cno)
)
--给 student 表插入数据
```

```
insert into student
values('200501001','李勇为','男','12-23-1986','计算机','北京市朝阳区',560,NULL)
insert into student
values('200502001','刘晓晨','男','05-09-1987','中文','河南省郑州市二七区',573,'定向')
insert into student
values('200501002','欧阳利敏','女','03-29-1987','计算机','湖北省武汉市汉阳区',569,'钢琴十级')
insert into student(sno,sname,ssex,sbirthday,sdept,saddress,smark)
values('200502072','李菲','女','12-31-1990','中文','湖南省浏阳市',580)
insert into student(sno,sname,ssex,sbirthday,sdept,saddress,smark)
values('200501004','张立信','男','08-21-1986','计算机','广东省深圳市罗湖区',576)
insert into student
values('200502004','马明宇','男','06-30-1986','中文','安徽省凤阳县',556,'委培')
--给 course 表插入数据
insert into course values('c01','数据库',4)
insert into course values('c02','数学',2)
insert into course values('c03','信息系统',4)
insert into course values('c04','操作系统',3)
insert into course values('c05','数据结构',4)
insert into course values('c09','明清小说',3.5)
insert into course values('c06','数据处理',2)
--给 grade 表插入数据
insert into grade values('200501001','c01',98,92)
insert into grade values('200501001','c02',76,86)
insert into grade values('200501001','c04',92,87)
insert into grade values('200501001','c06',85,73)
insert into grade values('200502072','C09',73,90)
insert into grade values('200502004','C09',92,84)
insert into grade values('200502001','C09',78,68)
insert into grade values('200501002','c01',80,87)
insert into grade values('200501004','c02',65,78)
insert into grade values('200501004','C04',90,76)
```

## 9.2 ADO.NET 概述

ADO.NET(ActiveX Data Object.NET)是 Microsoft 公司开发的用于数据库连接的一套组件模型，是 ADO 的升级版本。ADO.NET 是数据库应用程序和数据源之间沟通的桥梁，主要提供一个面向对象的数据访问架构，用来开发数据库应用程序。

由于 ADO.NET 组件模型基于 Microsoft 的.NET Framework，在很大程度上封装了数据库访问和数据操作的动作，所以可用于任何.NET 语言，如 VB、C#。程序员能使用 ADO.NET

组件模型，方便高效地连接和访问关系数据库以及非关系数据源。

ADO.NET 包括所有的 System.Data 命名空间及其嵌套的命名空间，以及 System.Xml 命名空间中一些与数据访问相关的专用类。

ADO.NET 同其前身 ADO 系列访问数据库的组件相比，做了以下两点重要改进：

(1) ADO.NET 引入了离线的数据结果集(Disconnected DataSet)这个概念，通过使用离线的数据结果集，程序员更可以在数据库断开的情况下访问数据库。

(2) ADO.NET 还提供了对 XML 格式文档的支持，所以通过 ADO.NET 组件可以方便地在异构环境的项目间读取和交换数据。

### 9.2.1 ADO.NET 设计目标

随着应用程序开发的发展演变，新的应用程序已基于 Web 应用程序模型越来越松散地耦合。如今，越来越多的应用程序使用 XML 来编码要通过网络连接传递的数据。Web 应用程序将 HTTP 用作在层间进行通信的结构，因此它们必须显式处理请求之间的状态维护。这一新模型大大不同于在程序的整个生存期中保持连接、紧耦合的客户端/服务器时代编程风格。

设计 ADO.NET 的目的是为了满足这一新编程模型的以下要求：具有断开式数据结构；能够与 XML 紧密集成；具有能够组合来自多个、不同数据源的数据的通用数据表示形式；在创建 ADO.NET 时，Microsoft 具有以下设计目标。

#### 1. 简单地访问关系数据

ADO.NET 的主要目标是提供对关系数据的简单访问功能。显然，易于使用的类表示关系数据库中的表、列和行。另外，ADO.NET 引入了 DataSet 类，它代表来自封装在一个单元中的关联表中的一组数据，并维持它们之间完整的关系。这在 ADO.NET 中是一个新概念，可以显著地扩展数据访问接口的功能。

#### 2. 支持 N 层编程模式

ADO.NET 为断开式 N 层编程环境提供了一流的支持，许多新的应用程序都是为该环境编写的。使用断开式数据集这一概念已成为编程模型中的焦点。N 层编程的 ADO.NET 解决方案就是 DataSet。

最常见的一个模型是三层模型，如下所示：

数据层：包含数据库和数据访问代码。

业务层：包含业务逻辑，定义应用程序的独特功能，并把该功能与其它层分离开来。这个层有时也称为中间层。

显示层：提供用户界面，控制应用程序的流程，对用户输入进行验证等。

#### 3. 集成 XML 支持

XML 和数据访问是紧密联系在一起的，即 XML 的全部内容都是有关数据编码的，而数据访问越来越多的内容都与 XML 有关。.NET Framework 不仅支持 Web 标准，它还是完全基于 Web 标准生成的。

XML 支持内置在 ADO.NET 中非常基本的级别上。.NET Framework 和 ADO.NET 中的 XML 类是同一结构的一部分，它们在许多不同的级别集成。用户不必在数据访问服务集和它们的 XML 相应服务之间进行选择；它们的设计本来就具有从其中一个跨越到另一个的功能。

#### 4. 可扩展性

ADO.NET 可以扩展。它为插件.NET 数据提供者提供了框架，这些提供者可用于从任何数据源中读写数据。ADO.NET 提供了几种内置的.NET 数据提供者：①用于 SQL Server；②用于 Oracle；③用于通用数据库接口 ODBC(Microsoft 开放数据库连接 API)；④用于 OLE DB (Microsoft 基于 COM 的数据链接和嵌入数据库 API)。几乎所有的数据库和数据文件格式都有可用的 ODBC 或 OLE DB 提供者，包括 Microsoft Access、第三方数据库和非关系数据。因此，通过一个内置的数据提供者，ADO.NET 可以用于几乎所有的数据库或数据格式。许多数据库销售商如 MySQL 和 Oracle 还在其产品中提供了内置的.NET 数据提供者。

### 9.2.2 ADO.NET 架构

ADO.NET 的数据访问分为两大部分：数据集(DataSet)与数据提供者(Data Provider)。

数据集是一个非在线，完全由内存表示的一系列数据，可以被看作一份本地磁盘数据库中部分数据的拷贝。数据集完全驻留内存，可以被独立于数据库地访问或者修改。当数据集的修改完成后，更改可以被再次写入数据库，从而保留所做过的更改。数据集中的数据可以由任何数据源(Data Source)提供，比如 SQL Server 或者 Oracle。

数据提供者用于提供并维护应用程序与数据库之间的连接。数据提供者是一系列为了提供更有效率的访问而协同工作的组件。

每组数据提供者中都包含了如下四个对象：

(1) Connection 对象提供了对数据库的连接。

(2) Command 对象可以用来执行命令。

(3) DataReader 对象提供了只读的数据记录集。

(4) DataAdapter 对象提供了对数据集更新或者修改的操作。

为了更好地理解 ADO.NET 的架构模型的各个组成部分，我们可以对 ADO.NET 中的相关对象进行图示理解，如图 9-6 所示的是 ADO.NET 中数据库对象的关系图。

我们可以用趣味形象化的方式理解 ADO.NET 对象模型的各个部分，如图 9-7 所示，可以看出这些对象所处的地位和对象间的逻辑关系。

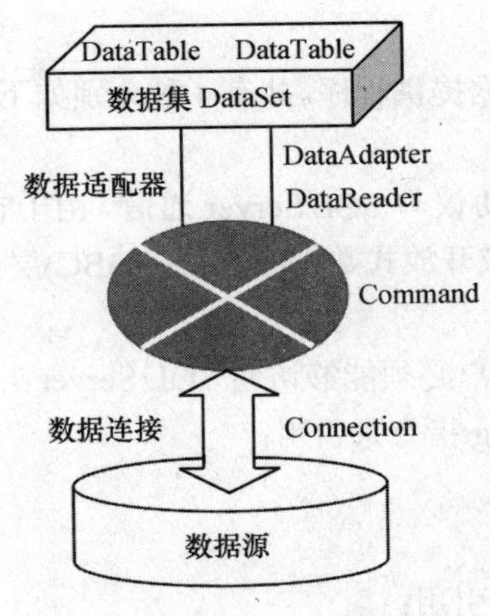


图 9-6 ADO.NET 对象模型

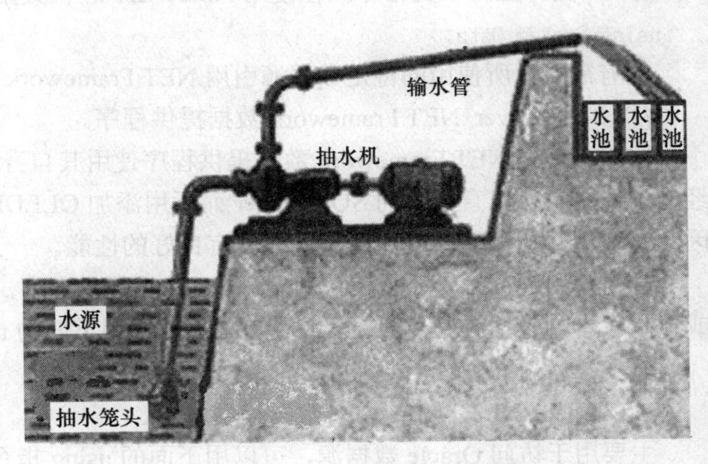


图 9-7 ADO.NET 趣味理解图

对比 ADO.NET 的数据库对象的关系图，我们可以用对比的方法来形象地理解每个对象的作用。

数据库好比水源，存储了大量的数据。

Connection 好比伸入水中的抽水笼头，保持与水的接触，只有它与水进行了“连接”，其它对象才可以抽到水。

Command 则像抽水机，为抽水提供动力和执行方法，通过“水龙头”，把水返给上面的“水管”。

DataAdapter、DataReader 就像输水管，担任着水的传输任务，并起着桥梁的作用。DataAdapter 像一根输水管，通过发动机，把水从水源输送到水库里进行保存；DataReader 也是一种水管，和 DataAdapter 不同的是，DataReader 不把水输送到水库里面，而是单向地直接把水送到需要水的用户那里或田地里，所以要比在水库中转一下更快更高效。

DataSet 则是一个大水库，把抽上来的水按一定关系的池子进行存放。即使撤掉“抽水装置”(断开连接，离线状态)，也可以保持“水”的存在。这也正是 ADO.NET 的核心。

DataTable 则像水库中的每个独立的水池子，分别存放不同种类的水。一个大水库由一个或多个这样的水池子组成。

总体来说，使用 ADO.NET 访问数据可以被概括为以下步骤：

首先应用程序创建一个 Connect 对象用来建立与数据库之间的连接。然后 Command 对象提供了执行命令的接口，可以对数据库执行相应的命令。当命令执行后数据库返回了大于零个数据时，DataReader 会被返回从而提供对返回的结果集的数据访问。或者，DataAdapter 可以被用来填充数据集，然后数据库可以由 Command 对象或者 DataAdapter 对象进行相应的更改。

### 9.2.3 .NET Framework 数据提供程序

.NET Framework 数据提供程序用于连接数据库、执行命令和检索结果。

在 C#代码中使用 ADO.NET 的第一步是引用 System.Data 命名空间，其中含有所有的 ADO.NET 类。应将下列指令放在使用 ADO.NET 进行数据库应用开发的程序的开端：

```
using System.Data;
```

接着需要为所使用的特定数据源引用.NET Framework 数据提供程序。共有 4 种分别如下：

(1) SQL Server .NET Framework 数据提供程序。

SQL Server .NET Framework 数据提供程序使用其自身的协议与 SQL Server 通信。由于它经过了优化，可以直接访问 SQL Server 而不用添加 OLEDB 或开放式数据库连接(ODBC)层，因此它实现数据库连接更加简单，并具有良好的性能。

若要使用 SQL Server .NET Framework 数据提供程序，用户必须能够访问 SQL Server 7.0 或更高版本，包括 SQL Express 或 MSDE。可以用下面的 using 指令来引用：

```
using System.Data.SqlClient;
```

(2) Oracle .NET Framework 数据提供程序。

主要用于访问 Oracle 数据源，可以用下面的 using 指令来引用：

```
using System.Data.OracleClient;
```

(3) OLE DB .NET Framework 数据提供程序。

对于不是 SQL Server 或 Oracle 的数据源而言，如 Microsoft Access，可以使用 OLE DB .NET

Framework 数据提供程序，可以用下面的 using 指令来引用：

```
using System.Data.OleDb;
```

(4) ODBC .NET Framework 数据提供程序。

主要用于访问 ODBC 数据源，通过 ODBC 与数据源进行通信，可以用下面的 using 指令来引用：

```
using System.Data.Odbc;
```

有些数据库厂商也提供相应的.NET 数据提供程序，这些程序必须单独下载，能更好地利用该数据库产品的特定功能，但对于初级或基本使用者来说，微软内置的.NET Framework 数据提供程序已经能够满足需要。

# 9.3　ADO.NET 对象

图 9-6 中给出了 ADO.NET 对象模型中主要 5 个对象，分别是用户对象 DataSet 与数据提供者对象 Connection、Command、DataReader、DataAdapter。

其中，Connection 对象主要负责连接数据库，Command 对象主要负责生成并执行 SQL 语句，DataReader 对象主要负责读取数据库中的数据，DataAdapter 对象主要负责在 Command 对象执行完 SQL 语句后生成并填充 DataSet 和 DataTable，而 DataSet 对象主要负责存取和更新数据。

针对不同的数据源引用，.NET Framework 4 种不同的数据提供程序内部均有 Connection、Command、DataReader 和 DataAdapter 4 类对象。4 种对象的类名是不同的，而它们连接访问数据库的过程却大同小异。这是因为它们以接口的形式，封装了不同数据库的连接访问动作。因而从用户的角度来看，它们的差别仅仅体现在命名上。

## 9.3.1　Connection 对象

Connection 对象主要用于连接数据库。不同的数据源对应的 connection 对象如下：

SQL Server：System.Data.SqlCilent.SqlConnection；

OLE DB：System.Data.Oledb.OledbConnection；

ODBC：System.Data.Odbc.OdbcConnection；

Oracle：System.Data.OracleClient.OracleConnection。

它们的常用的属性和方法如下：

ConnectionString 属性：该属性用来获取或设置用于打开 SQL Server 数据库的字符串。

ConnectionTimeout 属性：该属性用来获取在尝试建立连接时终止尝试，并生成错误之前所等待的时间。

DataBase 属性：该属性用来获取当前数据库或连接打开后要使用的数据库的名称。

DataSource 属性：该属性用来设置要连接的数据源实例名称，例如 SQL Server 的 Local 服务实例。

State 属性：State 属性一般是只读不写的。该属性是一个枚举类型的值，用来表示同当前数据库的连接状态。该属性的取值情况和含义如表 9-3 所示。

表 9-3 State 值描述

| 属 性 值 | 对 应 含 义 |
| --- | --- |
| Broken | 该连接对象与数据源的连接处于中断状态。只有当连接打开后再与数据库失去连接才会导致这种情况。可以关闭处于这种状态的连接，然后重新打开 |
| Closed | 该连接对象正在与数据源连接 |
| Connecting | 该连接对象正在与数据源连接 |
| Executing | 该连接对象正在执行数据库操作的命令 |
| Fetching | 该连接对象正在检索数据 |
| Open | 该连接处于打开状态 |

Open 方法：打开连接。

Close 方法：关闭连接。

注意：如果使用了连接池，关闭连接对象不会真正地关闭对数据源的连接。

如果只用 DataAdapter，就不必显式地打开和关闭连接。当调用这些对象的方法时(Fill 方法、Update 方法)会自动检查连接是否打开。

在 ConnectionString 连接字符串里，一般需要指定将要连接数据源的种类、数据库服务器的名称、数据库名称、登录用户名、密码、等待连接时间、安全验证设置等参数信息，这些参数之间用分号隔开。下面将详细描述这些常用参数的使用方法。

1．Provider 参数

Provider 参数用来指定要连接数据源的种类。如果使用的是 SQL Server Data Provider，则不需要指定 Provider 参数，因为 SQL Server Data Provider 已经指定了所要连接的数据源是 SQL Server 服务器。如果使用的是 OLE DB Data Provider 或其它连接数据库，则必须指定 Provider 参数。表 9-4 说明了 Provider 参数值和连接数据源类型之间的关系。

表 9-4 Provider 值描述

| Provider 值 | 对应连接的数据源 |
| --- | --- |
| SQLOLEDB | Microsoft OLEDB Provider for SQL Server |
| MSDASQL | Microsoft OLEDB Provider for ODBC |
| Microsoft.Jet.OLEDB.4.0 | Microsoft OLEDB Provider for Access |
| MSDAORA | Microsoft OLEDB Provider for Oracle |

2．Server 参数

Server 参数用来指定需要连接的数据库服务器(或数据域)。比如 Server = (local)，指定连接的数据库服务器是在本地。如果本地的数据库还定义了实例名，Server 参数可以写成 Server = (local)\实例名。如果连接的是远端的数据库服务器，Server 参数可以写成“Server = IP 地址”或“Server = 远程计算机名”的形式。

Server 参数也可以写成 Data Source，比如“Data Source = IP 地址。”

3．DataBase 参数

DataBase 参数用来指定连接的数据库名。比如 DataBase = Master，说明连接的数据库是 Master，DataBase 参数也可以写成 Initial Catalog，如 Initial Catalog = Master。

### 4．Uid 参数和 Pwd 参数

Uid 参数用来指定登录数据源的用户名，也可以写成 User ID。比如 Uid(User ID) = sa，说明登录用户名是 sa。Pwd 参数用来指定连接数据源的密码，也可以写成 Password。比如 Pwd(Password) = asp.net，说明登录密码是 asp.net。

### 5．Connect Timeout 参数

Connect Timeout 参数用于指定打开数据库时的最长等待时间，单位是秒。如果不设置此参数，默认是 15 秒。如果设置成–1，表示无限期等待，一般不推荐使用。

### 6．Integrated Security 参数

Integrated Security 参数用来说明登录到数据源时是否使用 SQL Server 的集成安全验证。如果该参数的取值是 True(或 SSPI，或 Yes)，表示登录到 SQL Server 时使用 Windows 验证模式，即不需要通过 Uid 和 Pwd 这样的方式登录。如果取值是 False(或 No)，表示登录 SQL Server 时使用 Uid 和 Pwd 方式登录。

一般来说，使用集成安全验证的登录方式比较安全，因为这种方式不会暴露用户名和密码。

### 7．Pooling、Max Pool Size 和 Min Pool Size 参数

Pooling 参数用来说明在连接到数据源时，是否使用连接池，默认是 True。当该值为 True 时，系统将从适当的池中提取 SQLConnection 对象，或在需要时创建该对象并将其添加到适当的池中。当取值为 False 时，不使用连接池。

当应用程序连接到数据源或创建连接对象时，系统不仅要开销一定的通信和内存资源，还必须完成诸如建立物理通道 (例如套接字或命名管道)，与服务器进行初次握手，分析连接字符串信息，由服务器对连接进行身份验证，运行检查以便在当前事务中登记等任务，因此往往成为最为耗时的操作。

实际上，大多数应用程序仅使用一个或几个不同的连接配置。这意味着在执行应用程序期间，许多相同的连接将反复地打开和关闭。为了使打开的连接成本最低，ADO.NET 使用称为 Pooling(即连接池)的优化方法。

在连接池中，为了提高数据库的连接效率，根据实际情况，预先存放了若干数据库连接对象，这些对象即使在用完后也不会被释放。应用程序不是向数据源申请连接对象，而是向连接池申请数据库的连接对象。另外，连接池中的连接对象数量必须同实际需求相符，空置和满载都对数据库的连接效率不利。

Max Pool Size 和 Min Pool Size 这两个参数分别表示连接池中最大和最小连接数量，默认分别是 100 和 0。根据实际应用适当地取值将提高数据库的连接效率。

**【例 9-6】**以 SQL Server 数据提供者为例，连接示例数据库 sm 的部分代码如下：

首先为使用 ADO.NET 类添加 using 指令：

```
using System.Data;//使用 ADO.NET 命名空间
using System.Data.SqlClient;//使用 SQL Server 数据提供者的命名空间
```

在 Main()方法中添加类似如下代码：

```
//连接数据源，使用连接字符串创建一个连接对象
SqlConnection smConnection = new SqlConnection(@"Data Source=.\SQLEXPRESS Database=sm;Integrated Security=True");
//打开连接
```

```
smConnection.Open();
//访问数据库的代码
……
//关闭连接
smConnection.Close();
```

介绍一下上面代码中连接字符串的具体元素，这些连接字符串在不同的数据提供者之间的区别非常大。

SqlConnection 是一个用于 SQL.NET 数据提供者的连接对象的名称。

@"Data Source=.\SQLEXPRESS;" 表示正在访问的 SQL Server 名称，其格式是"计算机名\实例名"。句点是表示本地机器，也可以用名称(local)或计算机的网络名称替代它。SQLEXPRESS 是安装 SQL Express 时使用的默认实例名。连接字符串前面的@符号表示一个字符串字面量，它使此名称中的反斜线发挥了作用，否则就需要双反斜线(\\)将反斜线字符转义到 C#字符串中。

"Database=sm"表示使用 sm 数据库。

Integrated Security=True; 表示使用 Windows 登录的集成安全功能，这样就不需要指定用户和密码。还可以指定用户名和密码子句(如 User=sa;PWD=secret)来替代上面的子句。在连接字符串中，使用 Windows 登录的内置安全功能，比使用硬编码的用户名和密码好。

## 9.3.2 Command 对象

创建了数据连接之后，就要对数据库中的数据进行操作。ADO.NET 中提供了 Command 对象可以对数据库执行增、删、改、查的操作。

Command 对象属于.NET 数据提供程序，不同的数据提供程序有不同的 Command 对象。对应如下：

(1) SQL Server 数据提供程序：SqlCommand。

(2) OLE DB 数据提供程序：OleDbCommand。

(3) Oracle 数据提供程序：OracleCommand。

(4) ODBC 数据提供程序：OdbcCommand。

Command 对象允许对数据库进行操作，建立连接后，可通过该对象对数据库下达命令。

Command 对象主要属性如下：

(1) CommandText：设置要执行 SQL 语句。

(2) CommandType：设置一个值，该值指示是 SQL 语句还是存储过程。

(3) Connection：设置 Command 使用的 Connection。

(4) Parametrs：参数集合。

(5) Transaction：获取设置将在其中执行的 Command 的 Transaction。

Command 对象主要方法如下：

(1) ExecuteNonQuery()：执行 SQL 语句并返回受影响的行数。用于添加、删除、更改、但是不能查询。主要用于更新数据库。

(2) ExecuteReader()：将 Commandtext 发送到 Connection 并生成 DataReader，一般对 DataReader 实例化，可查询。返回一个 DataReader 对象。如果 SQL 不是查询 Select，则返回一个没有任何数据的 System.Data.SqlClient.SqlDataReader 类型的集合(EOF)。

(3) ExecuteScalar()：执行查询，并将结果中的第一行的第一列返回(使用与集函数)。如Count(*)、Sum、Avg 等聚合函数。

(4) ExecuteXmlReader()：返回一个 XmlReader 对象。

ExecuteScalar()主要用于查询结果只有一个值的情况。创建 Command 对象可以使用代码，也可以使用控件。

注意：要使用 Command 对象，必须有可用的 Connection 对象。即要明确针对哪个数据库执行哪个 SQL 命令。

前面我们已经建立了对 sm 数据库的连接，打开连接之后，就可以使用 Command 对象针对数据库执行 SQL 命令了。代码如下：

```
// 为 smConnection 连接对象创建 smCommand 对象
SqlCommand smCommand =smConnection.CreateCommand();
// 给 smCommand 指定 SQL 命令
smCommand.CommandText = "select sno,sname from student";
```

连接对象的 CreateCommand()方法可以创建与此连接相关联的命令，从而得到命令对象。SQL 命令本身被指派给命令对象的 CommandText 属性。到目前为止，"select sno,sname from student"尚未被执行。

### 9.3.3 DataReader 对象

DataReader 用于以最快的速度检索并检查查询所返回的行。可使用 DataReader 对象来检查查询结果，一次检查一行。当移向下一行时，前一行的内容就会被丢弃。DataReader 不支持更新操作。由 DataReader 返回的数据是只读的。由于 DataReader 对象支持最小特性集，所以它的速度非常快。

不同的 Provider 使用不同的 DataReader，SQL Server 数据提供程序对应 sqlDataReader。由 SqlCommand.ExecuteReader()方法可以创建 sqlDataReader 对象。

SqlDataReader.Read()方法可以遍历结果集中的行；每次从查询结果中读取一行数据，如果还有数据要读取，则返回 True；如果没有，则返回 False。

SqlDataReader 按照当前行的列引索可得到每一列的数据。

用上面 smCommand 对象来创建 sqlDataReader，并用 SqlDataReader.Read()方法可以遍历结果集中的行，用当前行的列索引得到 SQL 命令的所有结果。代码如下：

```
//通过命令对象的 ExecuteReader()来创建 SqlDataReader 对象
SqlDataReader smReader =smCommand.ExecuteReader();
//循环读出 DataReader 包含的所有行
while (smReader.Read())
{
// 用当前行列索引得到每行的学号和姓名两列
Console.WriteLine("\t{0}\t{1}", smReader["sno"], smReader["sname"]);
}
//关闭 DataReader
smReader.Close();
```

至此我们完成了在程序中提取数据的基本操作。这些操作步骤依次为：连接数据源；

打开连接；创建一个 SQL 查询命令；使用 DataReader 读取并显示数据；关闭 DataReader 和连接。

下面给出这些操作的完整代码：

```
using System;
using System.Collections.Generic;
using System.Linq;
using System.Text;
using System.Data;//使用 ADO.NET 命名空间
using System.Data.SqlClient;//使用 SQL Server 数据提供者的命名空间

namespace myConnection
{
    class Program
    {
        static void Main(string[] args)
        {
            //首先连接数据源(SQL Server),
            SqlConnection smConnection = new SqlConnection(@"Data Source=.\SQLEXPRESS;Integrated
Security=True;" + "Database=sm");
            smConnection.Open();
            SqlCommand smCommand = smConnection.CreateCommand();
            // 给 smCommand 指定 SQL 命令
            smCommand.CommandText = "select sno,sname from student";
            //通过命令对象的 ExecuteReader()来创建 SqlDataReader 对象
            SqlDataReader smReader = smCommand.ExecuteReader();
            //循环读出 DataReader 包含的所有行
            while (smReader.Read())
            {
                // 用当前行列索引得到每行的学号和姓名两列
                Console.WriteLine("{0}\t{1}", smReader["sno"], smReader["sname"]);
            }
            //关闭 DataReader
            smReader.Close();
            smConnection.Close();
            Console.ReadLine();
        }
    }
}
```

程序执行成功后的结果如图 9-8 所示。

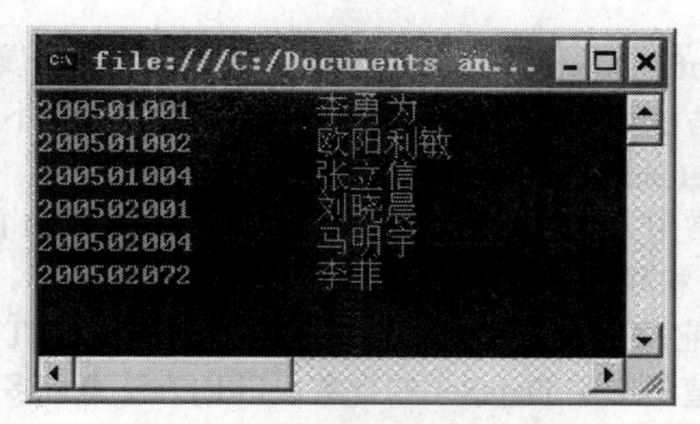


图 9-8 程序执行成功后的结果

## 9.3.4 DataAdapter 对象

DataAdapter 对象主要用来承接 Connection 和 DataSet 对象。DataSet 对象只关心访问操作数据，而不关心自身包含的数据信息来自哪个 Connection 连接到的数据源，而 Connection 对象只负责数据库连接而不关心结果集的表示。另外，DataAdapter 对象能根据数据库里的表的字段结构，动态地塑造 DataSet 对象的数据结构。

DataAdapter 对象的工作步骤一般有两种，一种是通过 Command 对象执行 SQL 语句，将获得的结果集填充到 DataSet 对象中；另一种是将 DataSet 里更新数据的结果返回到数据库中。

对于不同的提供者，该对象的名称也不同，例如，用于 SQL Server 的 SqlDataAdapter，用于 ODBC 的 OdbcDataAdapter 和用于 OLE DB 的 OleDbAdapter。

DataAdapter 对象的常用属性形式为 XXXCommand，用于描述和设置操作数据库。使用 DataAdapter 对象，可以读取、添加、更新和删除数据源中的记录。对于每种操作的执行方式，适配器支持以下 4 个属性，类型都是 Command，分别用来管理数据操作的“增”、“删”、“改”、“查”动作。

SelectCommand 属性：该属性用来从数据库中检索数据。

InsertCommand 属性：该属性用来向数据库中插入数据。

DeleteCommand 属性：该属性用来删除数据库里的数据。

UpdateCommand 属性：该属性用来更新数据库里的数据。

例如，以下代码能给 DataAdapter 对象的 selectCommand 属性赋值。

```
//连接字符串
SqlConnection conn;
//创建连接对象 conn 的语句
// 创建 DataAdapter 对象
SqlDataAdapter da = new SqlDataAdapter;
//给 DataAdapter 对象的 SelectCommand 属性赋值
Da.SelectCommand = new SqlCommand("select * from user", conn);
//后继代码
```

同样，可以使用上述方式给其它的 InsertCommand、DeleteCommand 和 UpdateCommand 属性赋值。

当在代码里使用 DataAdapter 对象的 SelectCommand 属性获得数据表的连接数据时，如果表中数据有主键，就可以使用 CommandBuilder 对象来自动为这个 DataAdapter 对象隐形地生成其它 3 个 InsertCommand、DeleteCommand 和 UpdateCommand 属性。这样，在修改数据后，就可以直接调用 Update 方法将修改后的数据更新到数据库中，而不必再使用 InsertCommand、DeleteCommand 和 UpdateCommand 这 3 个属性来执行更新操作。

DataAdapter 对象的常用方法有构造函数、填充或刷新 DataSet 的方法、将 DataSet 中的数据更新到数据库里的方法和释放资源的方法。

当调用 Fill 方法时，它将向数据存储区传输一条 SQL SELECT 语句。该方法主要用来填充或刷新 DataSet，返回值是影响 DataSet 的行数。Fill()方法有许多重载版本。

### 9.3.5 DataSet 对象

DataSet 类是 ADO.NET 中一个非常重要的核心成员。DataSet 其实就是数据集，它是把数据库中的数据映射到内存缓存中的所构成的数据容器，对 DataSet 的任何操作，都是在计算机缓存中完成的。对于任何数据源，它都提供一致的关系编程模型。在 DataSet 中既定义了数据表的约束关系以及数据表之间的关系，还可以对数据表中的数据进行排序等。

也可以将 DataSet 对象视为许多 DataTable 对象(它们存储在 DataSet 对象的 DataTables 集合中)的容器，也就是说相当于一个内存的数据库。存储在 DataSet 对象中的数据未与数据库连接。在准备好提交数据行之后，才需要与数据库通信。

DataSet 对象有一个 Tables 属性，它是 DataSet 中所有 DataTable 对象的集合。Tables 的类型是 DataTableCollection，它有一个重载的索引符，于是可以用以下两种方式访问每个 DataTable：

按表名访问：thisDataSet.Tables["student"]指定 DataTable 对象 student。

按索引(索引基于 0)访问：thisDataSet.Tables[0]指定 DataSet 中的第一个 DataTable。

在每个 DataTable 中，都有一个 Rows 属性，它是 DataRow 对象的集合。Rows 的类型是 DataRow Collection，是一个有序列表，按行号排序。所以：

myDataSet.Tables["student"].Rows[n]

在 thisDataSet 的 DataTable 对象 student 中指定行号 n - 1(索引是基于 0 的)。当然，也可以使用其它索引语法来指定 DataTable。

DataRow 对象有一个重载的索引符属性，允许按列名或列号访问各个列。于是：

thisDataSet.Tables["student"].Rows[n]["sname"]

在 thisDataSet 的 DataTable 对象 student 中指定行号为 n-1 的 sname 列，这里，DataRow 对象是 thisDataSet.Tables["student"].Rows[n]。

DataSet 使用方法一般有 3 种：

(1) 把数据库中的数据通过 DataAdapter 对象的 Fill 方法填充 DataSet。

(2) 通过 DataAdapter 对象的 Update 方法操作 DataSet 实现更新数据库。

(3) 把 XML 数据流或文本加载到 DataSet。

【例 9-7】下面给出以 SQL Server 示例数据库 sm 为对象，使用 DataSet 及其子类，来完成类似于 DataReading 的程序代码。

```
using System;
using System.Collections.Generic;
using System.Linq;
using System.Text;
```

```
using System.Data;//使用 ADO.NET 命名空间
using System.Data.SqlClient;//使用 SQL Server 数据提供者的命名空间

namespace myConnection
{
    class Program
    {
        static void Main(string[] args)
        {
            //首先连接数据源(SQL Server),
            SqlConnection smConnection = new SqlConnection(@"Data Source=.\SQLEXPRESS;Integrated
Security=True;" + "Database=sm");
            // 创建 DataAdapter 对象
            SqlDataAdapter thisAdapter = new SqlDataAdapter(
                "SELECT sno,sname FROM student", smConnection);
            //创建 DataSet(包含数据表, 行, 列等子类)
            DataSet thisDataSet = new DataSet();
            //用 DataAdapter 的 fill 方法来填充 DataSet
            thisAdapter.Fill(thisDataSet, "student");
            //用 foreach 语句来遍历 DataSet 所有记录行
            foreach (DataRow theRow in thisDataSet.Tables["student"].Rows)
            {
                Console.WriteLine(theRow["sno"] + "\t" +theRow["sname"]);
            }
            Console.ReadLine();
        }
    }
}
```

程序执行成功后的结果和 DataReader 用例相同，如图 9-8 所示。

注意：在这个示例中没有明确打开和关闭连接，因为 DataAdapter 对象完成了这个工作。DataAdapter 对象会根据需要打开连接，在完成工作后关闭它。DataAdapter 对象不改变连接的状态。所以，如果在 DataAdapter 对象开始其工作前连接是打开的，在 DataAdapter 对象完成其工作后，连接仍是打开的。

对数据库中的数据操纵(更新、插入和删除)应按照下面的步骤进行：用数据库中要使用的数据填充 DataSet；修改存储在 DataSet 中的数据； 把 DataSet 中这些修改的内容返回到数据库中。

下面以把 sm 数据库中 student 表中的“欧阳利敏”的姓名改为“欧阳敏”为例，给出相应程序代码。

```
using System;
using System.Collections.Generic;
```

```
using System.Linq;
using System.Text;
using System.Data;//使用 ADO.NET 命名空间
using System.Data.SqlClient;//使用 SQL Server 数据提供者的命名空间

namespace myConnection
{
    class Program
    {
        static void Main(string[] args)
        {
            //首先连接数据源(SQL Server),
            SqlConnection smConnection = new SqlConnection(@"Data Source=
  \SQLEXPRESS;Integrated Security=True;" + "Database=sm");
            // 创建 DataAdapter 对象
            SqlDataAdapter thisAdapter = new SqlDataAdapter("SELECT sno,sname FROM student
where sno='200501002'", smConnection);
            //通过创建 CommandBuilder 对象去生成 SQL 命令
            SqlCommandBuilder thisBuilder = new SqlCommandBuilder(thisAdapter);
            //创建 DataSet(包含数据表，行，列等子类)
            DataSet thisDataSet = new DataSet();
            //用 DataAdapter 的 fill 方法来填充 DataSet
            thisAdapter.Fill(thisDataSet, "student");
            //显示修改前 DataSet 中的仅有的一行，因为 SQL 命令加了 where 条件
            Console.WriteLine("原姓名：{0}",
thisDataSet.Tables["student"].Rows[0]["sname"]);
            //改变 DataSet 中 student 表中对应记录姓名，在内存中
            thisDataSet.Tables["student"].Rows[0]["sname"] = "欧阳敏";
            ////显示修改后 DataSet 中表 student 的对应行的姓名已经重新赋值
            Console.WriteLine("现姓名：{0}",
thisDataSet.Tables["student"].Rows[0]["sname"]);
            //用 DataAdapter 的 Update 方法更新数据库中对应表 student 中的姓名
            thisAdapter.Update(thisDataSet, "student");
            //关闭连接
            //smConnection.Close();
            Console.ReadLine();
        }
    }
}
```

该程序执行后运行结果如图 9-9 所示。

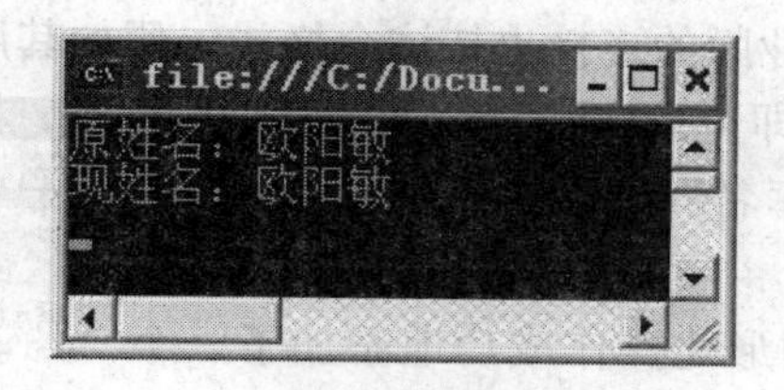


图 9-9　更新数据库程序结果

对于利用 DataSet 对数据库中表的记录进行插入、删除的操作，以及多表联系的数据处理，限于篇幅，不再做介绍。

## 9.4　数据库绑定

上节介绍了 ADO.NET 及其类结构和组件部分，实际上，应用数据库时，不必编写很详细的代码，可以通过图形化操作，让系统自动建立这些代码，轻松实现数据库应用的开发。

数据库绑定是指将数据源的元素映射到图形界面组件，从而该组件可以自动使用这些数据。例如，可以将一列(但一次只有一个值)绑定到 TextBox 控件的 Text 属性，或者将整个表绑定到数据网格，例如 DataGridView 控件。

### 9.4.1　连接数据库

要实现数据库绑定，必须有可用的数据库连接和对应的数据源。

可以通过下面的操作建立数据库连接：

启动 Visual Studio 2008 后，新建一个 Windows 窗体应用程序。依次单击“工具”|“连接到数据库…”，弹出如图 9-10 对话框。“数据源”的选择如图中所示为：“Microsoft SQL Server”，“服务器名”中“.”是本地机简称，用计算机名称也是可以的，“SQLExpress”是服务实例名，也就是命名实例，是数据库引擎。

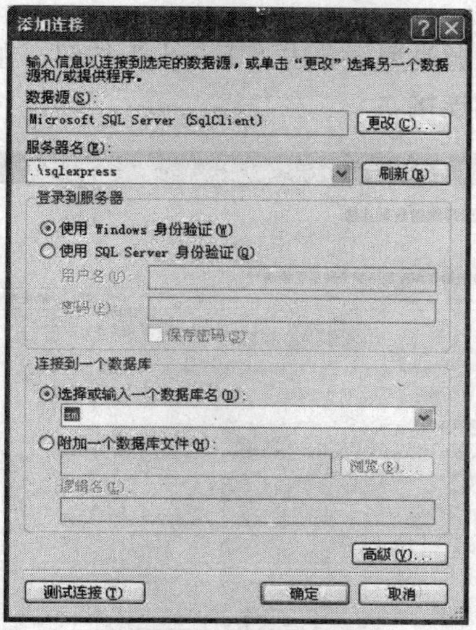

图 9-10　连接 SQL Server 2005 Express

注意：SQL Server的企业版的连接也按这个格式，假如其用默认实例，则只需输入服务器名的计算机名称或IP地址即可。

“选择或输入一个数据库名”可以选择要连接到的数据库：sm。

单击“确定”，便通过图形化操作成功地添加了一个ADO.NET数据库的连接。在VS2008的“服务器资源管理器”窗口中可以看见刚才添加的这个连接，如图9-11所示。

图9-11　服务器资源管理器

单击该数据连接的旁边的节点，可以看到sm数据库中的各类数据库对象：表、视图、存储过程等。

## 9.4.2　添加数据源

在该数据库连接的基础上添加数据源：

依次单击“数据”|“添加新数据源…”，弹出如图9-12所示的“数据源配置向导”对话框。

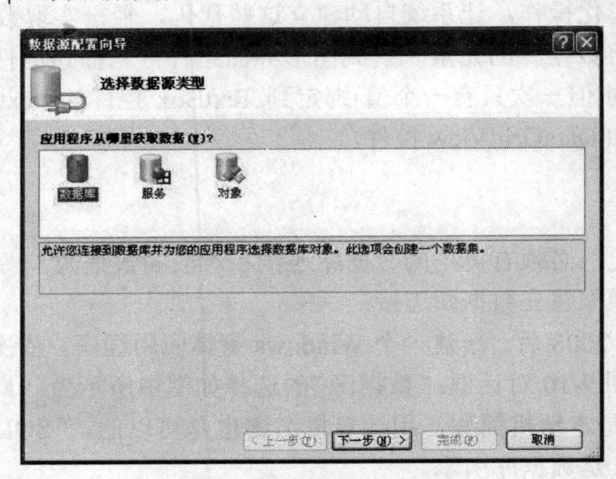


图9-12　数据源配置向导

选择“数据库”确定数据源类型。单击“下一步”按钮，在图9-13中选择合适的数据库连接，这里选择上面刚建立的连接。

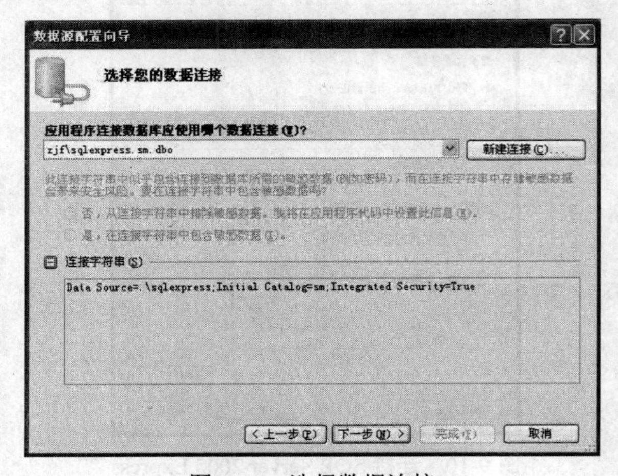


图9-13　选择数据连接

点击图中连接字符串旁边的节点，我们会在相应位置看见连接字符串的代码。单击“下一步”按钮，在随后弹出的对话框中保存连接字符串到应用程序配置文件中。继续单击“下一步”按钮，在图 9-14 中为 DataSet 选择相应的数据库对象。

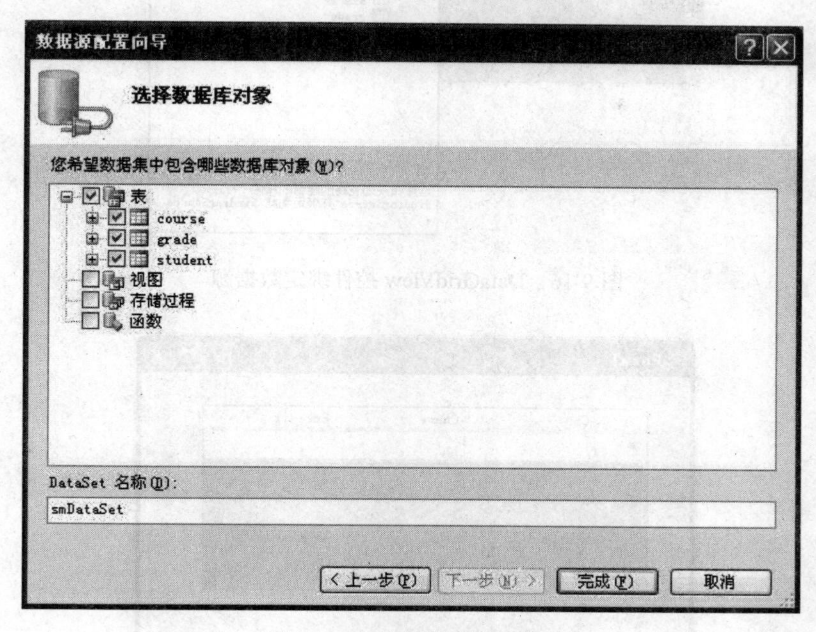


图 9-14　选择数据库对象

在此选择在 sm 示例数据库中建立的三个表。最后单击“完成”按钮，结束数据源的添加。在 VS2008 开发环境中随后会出现该数据源窗口，如图 9-15 所示。

图 9-15　数据源窗口

### 9.4.3 DataGridView 控件

DataGridView 控件以类似电子表格的方式显示所有的记录。可以很方便地添加到 Windows 窗口上显示数据，甚至提供用户界面。

调整要添加 DataGridView 控件的 Form1 窗体大小，保证绑定的表中记录能完整显示。

在工具箱中拖放 DataGridView 控件至 Form1，在随后如图 9-16 所示的界面中选择绑定 course 表。

实现了和 course 表绑定的 DataGridView 控件如图 9-17 所示。

运行该程序后，结果如图 9-18 所示。

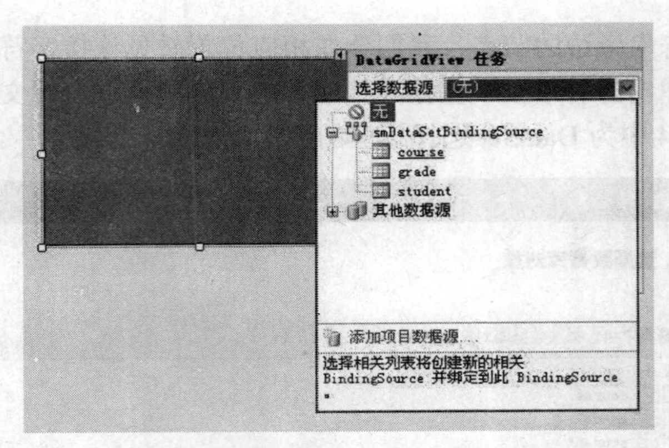


图 9-16　DataGridView 控件绑定数据源

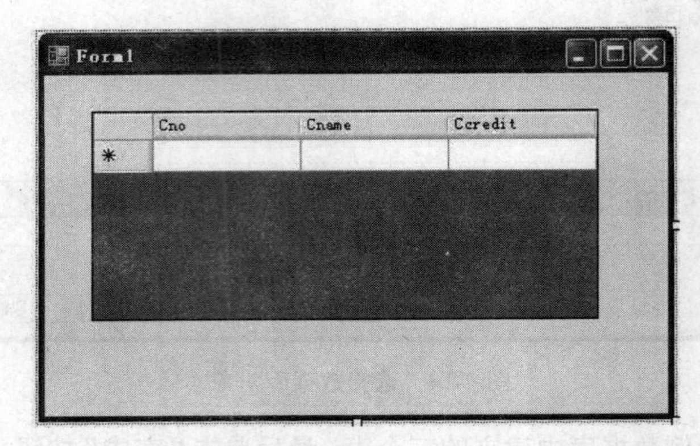


图 9-17　course 表绑定的 DataGridView 控件

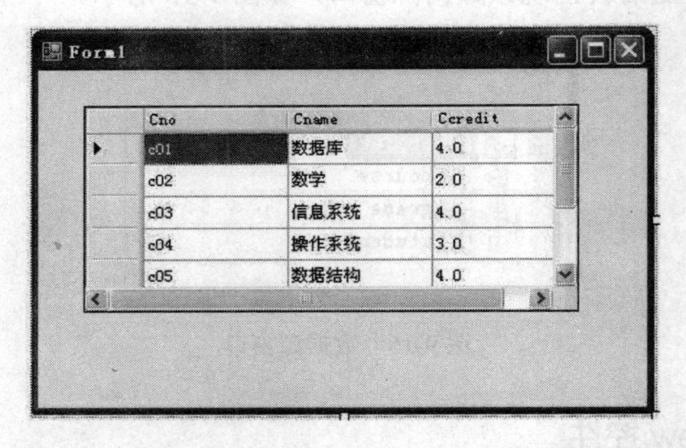


图 9-18　绑定 course 表的 DataGridView 控件执行结果

注意：默认情况下，DataGridView 控件中绑定的表中数据是允许更新、删除、添加的。但仅仅是对相应的 DataSet 中 table 的数据操作，而没有反映到对应的数据库中的表中去。我们可以通过图 9-18 的运行界面对数据进行更新、删除、添加后关闭程序，再次运行程序后数据没有任何改变。

为了让 DataGridView 对应的 DataSet 中数据变化反映到数据库中去，可以增加一个“提交”按钮，在其中的单击事件中写入如下代码：

```
courseTableAdapter.Update(smDataSet);
```

该代码的功能是调用 courseTableAdapter.Update()方法实现对数据库的更新。

再次按 F5 键，程序运行后，通过图 9-18 的运行界面对数据进行更新、删除、添加后，单击“提交”按钮后关闭程序。再次运行程序会发现上次的修改已经反映到了数据库中。效果如图 9-19 所示。

图 9-19　修改示例

## 习 题 9

1．简述数据库系统的构成。
2．分别说明 C/S 体系结构和 B/S 体系结构的优缺点。
3．简述 ADO.NET 的架构。
4．简述使用 ADO.NET 访问数据的大体步骤。
5．DataSet 使用方法一般有哪几种？

# 第 10 章　Web 程序设计

## 10.1　Web 编程基础

在前面的章节中，我们学习了使用 Windows 表单和控件来开发 Windows 应用程序的方法。本章中我们将学习使用 Microsoft 的 ASP.NET 技术进行 Web 应用程序开发。Web 应用程序是基于浏览器的，一般称为网站(主要指动态网站)。运用 ASP.NET 可以大大简化 Web 应用程序开发。

### 10.1.1　网站的基本概念及组成

**1．网站的基本概念**

网站(Website)是一种文档的磁盘组织形式，它由文档和文档所在文件夹组成，通俗地讲网站就是文件夹。网站是根据一定的规则，使用 HTML 等工具制作的用于展示特定内容的相关网页的集合。

设计良好的网站通常具有科学合理的结构，利用不同的文件夹，将不同的网页分门别类地保存，这是设计网站的必要前提。结构良好的网站，不仅便于管理也便于更新。

**2．网站的组成**

网站由域名(俗称网址)、网站源程序和网站空间三部分构成。域名主要是为了便于用户访问，如 www.baidu.com；网站空间由专门的独立服务器或租用的虚拟主机承担；而网站源程序(各类网页)则放在网站空间里面，表现为网站前台和网站后台。

**3．静态网页与动态网页**

网页根据是否在服务器端运行可分为：

1) 静态网页

静态网页是以.htm、.html、shtml、xml 等为后缀的文件。当用户向 Web 服务器请求网页内容时，Web 服务器仅仅将已设计好的静态 HTML 文件传送给用户浏览器，由用户浏览器解释执行。在 HTML 格式的网页上，也可以出现各种动态的效果，如.GIF 格式的动画、Flash、滚动字幕等。这些“动态效果”只是视觉上的，与下面将要介绍的动态网页是不同的概念。

2) 动态网页

动态网页以.asp、.aspx、.jsp、.php、.perl、.cgi 等形式为扩展名。动态网页是能够在客户端与服务器进行交互的网页。动态网站的页面不是一成不变的，页面上的内容是动态生成的，它可以根据数据库中相应部分内容的调整而变化，即网页内容能够因人因时变化，使网站内容更灵活，维护更方便。

**4．动态网页的运行过程**

当客户端用户通过浏览器向 Web 服务器发出访问页面的请求时，Web 服务器将根据用户所访问页面的后缀名来确定该页面所使用的网络编程技术，然后把该页面提交给相应的解释引擎；解释引擎扫描整个页面，找到特定的定界符，并执行位于定界符内的脚本代码以实现不同的功能，最后把执行结果返回 Web 服务器。Web 服务器把解释引擎的执行结果连同页面上的 HTML 内容以及各种客户端脚本一同传送到客户端。注意：动态网页通常要调用后台数据库。网页的运行过程如图 10-1 所示。

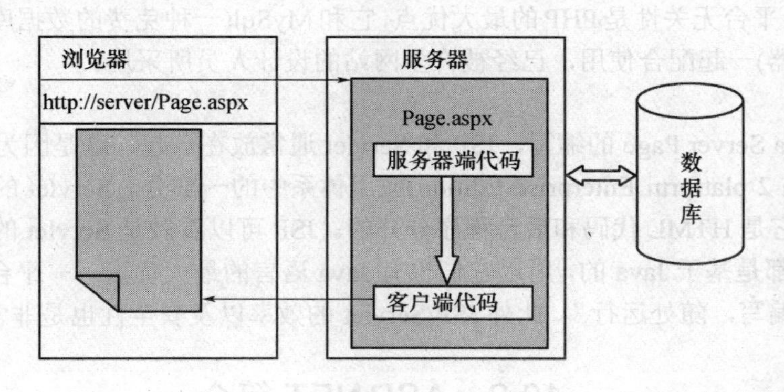


图 10-1　网页的运行过程

### 10.1.2　网页制作语言简介

#### 1．HTML 语言

超文本标记语言(Hyper Text Markup Language，HTML)是一种用来制作超文本文档的简单标记语言。用 HTML 编写的超文本文档称为 HTML 文档，它能独立于各种操作系统平台。自 1990 年以来 HTML 就一直被用作 WWW 上的信息表示语言，HTML 是一切网页编程的基础。HTML 文档是一个放置了标记的 ASCII 文本文件，文件扩展名通常使用.htm 或.html。

#### 2．XML 语言

XML 即 Extensible Markup Language(可扩展标记语言)的缩写，实际上是 Web 上表示结构化信息的一种标准文本格式，它没有复杂的语法和包罗万象的数据定义。XML 同 HTML 一样，都来自 SGML(标准通用标记语言)，主要的用途是在 Internet 上传送或处理数据，通常还可以选择 XML 作为描述数据的语言。在 XML 语言中允许用户自定义控制标识符，是一门既无标签集也无语法的新一代标记语言。XML 文件的扩展名为.xml。

#### 3．脚本语言

脚本语言是介于 HTML 和 C、C++、Java、C#等编程语言之间的一种解释性的语言，由程序代码组成，是一段在 HTML 代码内的小程序。脚本语言与编程语言有很多相似地方，其函数与编程语言比较相像一些，也涉及到变量；与编程语言之间最大的区别是编程语言的语法和规则更为严格和复杂一些。脚本语言在网页特效制作和互动性中有非常好的表现。常用的脚本语言有 Netscape 公司开发的 JavaScript 和 Microsoft 公司开发的 VBScript。

#### 4．ASP 和 ASP.NET

ASP 是 Active Server Pages 的缩写，即动态服务器网页，是在 Microsoft IIS 或 PWS 等网站服务器执行的 ASP 程序。由于 ASP 简单方便，所以早期很受用户的欢迎。但因为 ASP 自身存在着许多缺陷，最重要的就是安全性问题，所以平台的局限性和 ASP 自身的安全性限制了 ASP 的广泛应用。目前在微软的.NET 战略中新推出的 ASP.net 借鉴了 Java 技术的优点，使用 C#语言作为 ASP.net 的推荐语言，同时改进了以前 ASP 的安全性差等缺点。

5. PHP

PHP 是 Professional Hypertext Perprocessor 的缩写，是一种 HTML 内嵌式的语言。我们可以通过在HTML网页中嵌入PHP的脚本语言，来完成与用户的交互以及访问数据库等功能。PHP 独特的语法混合了 C、Java、Perl 以及 PHP 式的新语法，可以比 CGI 或者 Perl 更快速地执行动态网页。平台无关性是PHP的最大优点，它和MySql(一种免费的数据库)以及Apache(一种免费的服务器)一起配合使用，已经被许多网站的设计人员所采用。

6. JSP

JSP 是 Java Server Page 的缩写，JSP 和 Servlet 通常放在一起，这是因为它们都是 Sun 公司的 J2EE(Java 2 platform Enterprise Edition)应用体系中的一部分。Servlet 的形式和前面讲的 CGI 差不多，它是 HTML 代码和后台程序分开的。JSP 可以看做是 Servlet 的脚本语言版。由于 JSP/Servlet 都是基于 Java 的，所以它们也有 Java 语言的最大优点——平台无关性，也就是所谓的“一次编写，随处运行”。此外 JSP/Servlet 的效率以及安全性也是非常高的。

## 10.2 ASP.NET 简介

### 10.2.1 ASP.NET 与 .NET Framework

Microsoft 的.NET 平台是 Microsoft XML Web services 平台。XML Web services 允许应用程序通过 Internet 进行通信和共享数据，而不管所采用的是哪种操作系统、设备或编程语言。Microsoft.NET 提供了创建 XML Web services 并将这些服务集成在一起的平台。.NET 开发平台使得开发运行在 Web 服务器上的应用程序(Web 应用程序和 Web 服务)更容易。.NET 的核心是.NET Framework(.NET 架构)。自 2000 年 6 月微软向全球宣布自己的.NET 战略以来，.NET Framework 已经发行了多个版本，主要有 1.0、1.1、 2.0、 3.0 、3.5 等版本。

ASP.NET 是 Microsoft .NET Framework 的一部分，是一种可以在高度分布的 Internet 环境中简化应用程序开发的计算环境。.NET Framework 包含公共语言运行库，它提供了各种核心服务，如内存管理、线程管理和代码安全。它也包含 .NET Framework 类库，这是一个开发人员用于创建应用程序的综合的、面向对象的类型集合。

ASP.NET 是.NET 开发平台的一个部件，用来开发驻留在 Web 服务器上并且使用诸如 HTTP 和 SOAP 等 Internet 协议的 Web 应用程序。ASP.NET 是使用.NET 框架提供的编程类库构建而成的，它不仅仅是通用语言运行环境的宿主，它还是使用受控代码开发 Web 站点和 Internet 对象的一整套结构。使用 ASP.NET 开发者可以利用.NET 面向对象语言很快建立基于 Web 的、数据库集中的强大而健壮的 Web 应用程序。

ASP.NET 是一个统一的 Web 应用程序平台，它提供创建和部署企业级 Web 应用程序和 XML Web 服务所需的服务。ASP.NET 为能够面向任何浏览器或设备的更安全的、更强可升级性的、更稳定的应用程序提供了新的编程模型和基础结构。

### 10.2.2 ASP.NET 应用程序分类

ASP.NET 将应用程序定义为所有文件、页、处理程序、模块和可执行代码的总和，这些内容必须能够在 IIS 给定的站点目录的范围内调试或运行。ASP.NET 应用程序包括 Web 应用程序、移动 Web 应用程序和 Web 服务。

### 1. Web 应用程序

ASP.NET Web 应用程序是大部分 ASP.NET Web 开发中创建的应用程序类型。最简单的 ASP.NET Web 应用程序包含一个目录，可以通过 IIS 服务器使用 HTTP 协议在浏览器上呈现。它至少包含一个.aspx 文件，即 ASP.NET 页。

除了应用程序目录和.aspx 文件之外，ASP.NET Web 应用程序可能还包含配置文件(web.config)、用户控件文件(.ascx 文件)和应用程序设置文件(global.asax)，以及代码隐藏文件(.cs 或.vb 文件)、程序集(.dll)和提供额外功能的类文件等。

### 2. 移动 Web 应用程序

ASP.NET 移动 Web 应用程序是针对移动设备而设计的。在 ASP.NET 中，移动 Web 应用程序与普通的 Web 应用程序之间的主要区别在于：移动 Web 应用程序使用移动 Web 控件。另外，还添加了移动设备专用的控件。需要注意的是：移动 Web 窗体页和普通的 Web 窗体页是可以共存于同一个应用程序之中的。

为了简化移动 Web 应用程序的开发，VWD 添加了移动 Web 窗体模板。该模板包含标准的移动 Web 表单，并且包括了移动设备仿真程序用于在计算机系统上模拟移动设备。

### 3. Web 服务

Web 服务是 ASP.NET 提供的另一种应用程序类型。Web 服务的工作方式就像能够跨 Web 调用的组件。但是，Web 服务的真正威力体现在基础结构中。Web 服务建立在.NET Framework 和公共语言运行库之上。Web 服务可以利用这些技术。Web 服务向外界暴露出一个能够通过 Web 进行调用的 API。也就是说，能够用编程的方法通过 Web 调用来实现某个功能的应用程序。Web 服务的基础结构是遵照 SOAP、XML 和 WSDL 等行业标准生成的，这使得其它平台的客户端可以和 Web 服务进行交互操作。Web 服务是自包含、自描述、模块化的应用程序，可以在 Web 描述、发布、查找以及通过 Web 来调用。

## 10.2.3 ASP.NET 3.5 新特性

.NET Framework 3.5 版本中，针对 ASP.NET 的特定方面提供了增强功能。最重要的改进在于，改进了对 Ajax 的网站的开发支持，以及对语言集成查询(LINQ)的支持。这些改进包括提供了新的服务器控件和类型，新的面向对象的客户端类型库。

ASP.NET 3.5 中，进行了以下几个方面的功能增强。

(1) 改进了对 Aja 的支持。通过这些新增功能，可以方便开发 ajax 样式的 web 应用程序。

① 支持基于服务器的 ajax 开发的服务器控件。通过使用这些控件，不使用客户端脚本或很少需要使用客户端脚本，就可以创建丰富的客户端行为。这些控件包括 ScriptManager,UpdatePanel,UpdateProgress 和 Timer 控件。

② 对 Microsoft Ajax Library 的支持。它支持基于客户端，面向对象且独立于浏览器到开发。除了支持启用 Ajax 的新服务器控件之外，使用客户端客户端库还能开发自定义客户端组件。

(2) 支持 LINQ。

新增了一个新的数据展示控件 ListView，一个数据源控件 LinqDataSource 和一个分页控件 DataPager。

(3) 新增了一个新的合并工具 Aspnet_merge.exe。

可用于合并预编译程序集，还可以为整个网站、每个网站文件夹或仅为组成网站用户界面的文件创建程序集，以灵活的方式实现部署和发布管理。

(4) 与 IIS 7.0 集成。

这样一来，asp.net 服务可用于所有内容类型，而不再局限于 asp.net 网页。

# 10.3 开发一个简单的 ASP.NET Web 程序

## 10.3.1 启动 Visual Studio 开发环境

选择“开始”|“程序”|Microsoft Visual Studio 2008|Microsoft Visual Studio 2008 命令启动程序，出现 Microsoft Visual Studio 2008 的启动画面，如果是第一次启动，会出现“初始化环境设置”窗口，在这里选择默认环境设置，例如对于 Windows 应用程序开发人员可以选择 C# 或者 VB 作为默认环境，当然环境也可以在启动以后进行修改。这里选择使用 C#进行开发的设置，如图 10-2 所示。

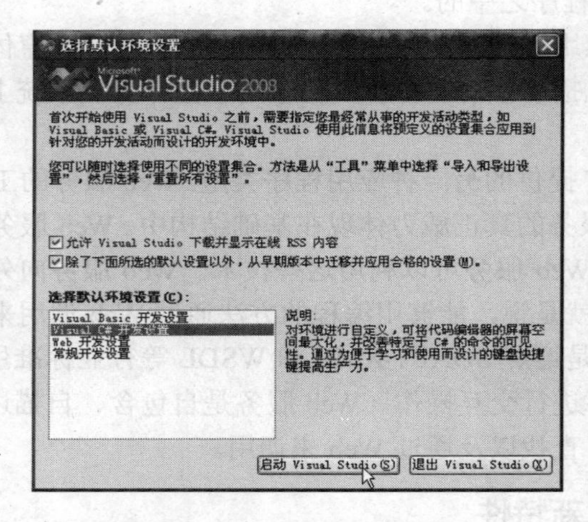


图 10-2 选择默认环境设置

单击“启动 Visual Studio”按钮开始载入程序并执行配置环境操作，待完成后会出现 Microsoft Visual Studio 2008 的起始页，如图 10-3 所示。

图 10-3 Visual Studio 2008 的起始页

起始页为方便快速地使用 Visual Studio 2008 提供了一种简捷方式。在这里可以轻松打开常用项目、创建新项目、找到联机资源，以及管理 Visual Studio 2008 的配置文件等。

注意：如果不是第一次启动 Visual Studio 2008，会直接到达起始页窗口。

### 10.3.2 用 Visual Studio 2008 制作 ASP.NET 程序

**【例 10-1】** 开发一个简单的 ASP.NET 程序。

选择“文件”|“新建”|“网站”命令打开“新建网站”对话框，如图 10-4 所示。

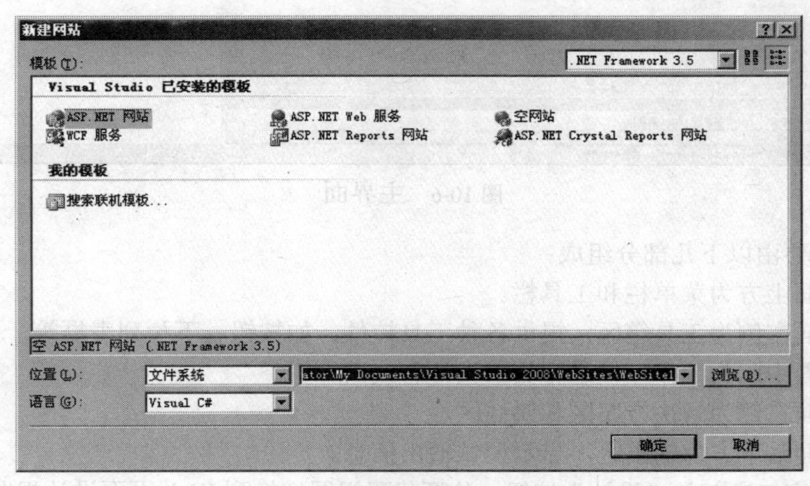


图 10-4 “新建网站”对话框

在这里可以选择Web网站使用的.NET Framework版本、模板、语言等内容，这里选择默认值。站点的默认存放位置为：

C:\Documents and Settings\Administrator\My Documents\Visual Studio 2008\WebSites\WebSite1

可以单击“浏览”按钮，选择或创建站点文件夹，如图10-5所示。本例中将站点存放在“E:\WebSite\WebSiteHelloWorld”文件夹中。

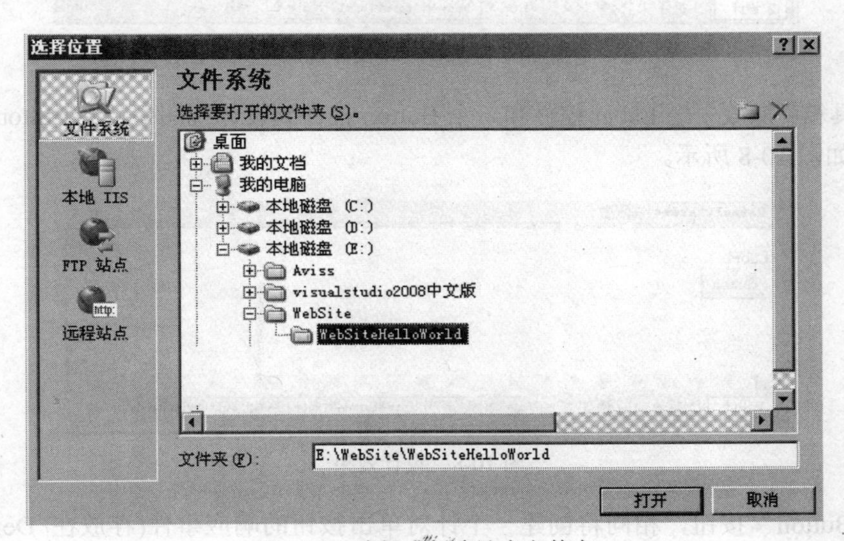


图 10-5 选择或创建站点文件夹

单击“打开”按钮，创建新站点，同时打开主界面，如图10-6所示。

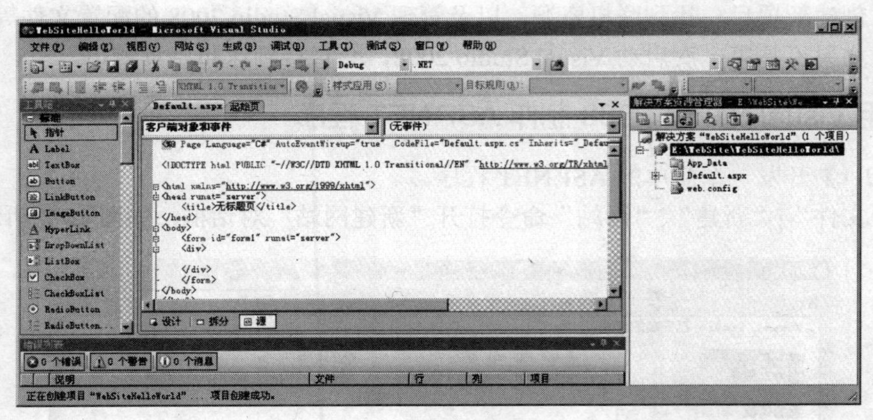

图 10-6　主界面

主界面主要由以下几部分组成：

(1) 主界面上方为菜单栏和工具栏。

(2) 主界面左侧为工具箱区，提供各种工具控件，如按钮、下拉列表框等。

(3) 主界面中间为工作区，进行页面设计和代码编辑。

(4) 主界面右侧为解决方案区和属性区。

(5) 主界面最下方为输出区，显示调试输出信息。

单击代码窗口底部的“设计”按钮，从源代码视图切换到 Web 页面设计视图。此时在设计视图中显示一个空白的 Web 窗体，如图 10-7 所示。

图 10-7　Web 页面设计视图

从“工具箱”拖放一个 Label 控件和一个 Button 控件到设计视图中，将 Button 控件换行，其设计效果如图 10-8 所示。

图 10-8　设计效果

双击“Button”按钮，相同将创建一个针对单击按钮的响应事件(存放在 Default.aspx.cs 中)，在代码窗口中输入如下灰色区域的代码。

```
protected void Button1_Click(object sender, EventArgs e)
    {
        Label1.Text = "Hello,World!";
    }
```

选择“文件”|“全部保存”，或单击工具栏上的 全部保存 (Ctrl+Shift+S) 按钮，保存整个解决方案。

单击工具栏上的 Debug 启动调试 (F5) 按钮，运行该 Web 应用程序，这时会出现如图 10-9 所示的对话框，单击“确定”按钮。

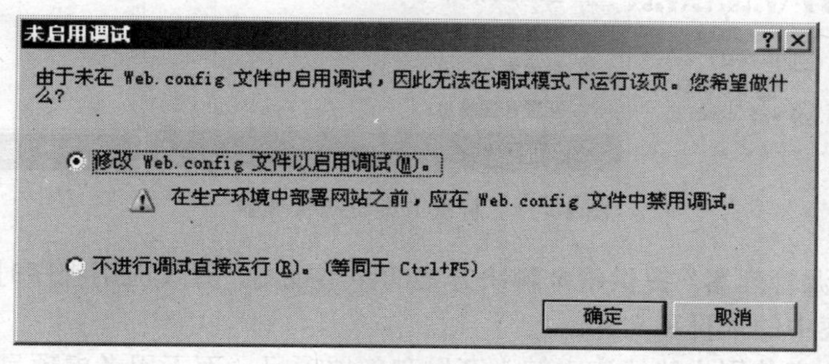


图 10-9　启用调试

VS2008 启动 ASP.NET Development Server，并随机生成一个端口，在本地运行 ASP.NET 应用程序，单击“Button”按钮，结果如图 10-10 所示。

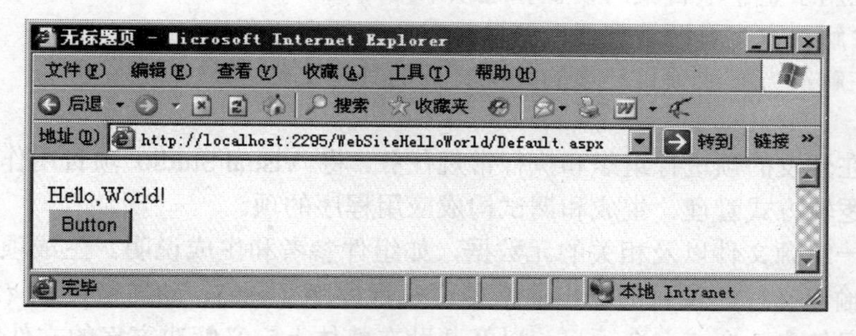


图 10-10　运行结果

至此一个简单的 Web 网站就建成了。

## 10.4　Web 应用程序的组成

### 10.4.1　解决方案和项目

为了有效地管理开发工作所需要的项，如引用、数据连接、文件夹和文件，Visual Studio .NET 提供了两个容器：解决方案和项目。查看和管理这些容器及其关联项的界面是“解决方案资源管理器”，它作为集成开发环境 (IDE) 的一部分提供。另外，Visual Studio 还提供了解决方案文件夹，用于将相关的项目组织成组，然后对这些项目组执行操作。

**1. 解决方案**

解决方案管理 Visual Studio 配置、生成和部署相关项目集的方式。Visual Studio 解决方案可以只包含一个项目(特殊的也有不包含项目的空白解决方案)，也可以包含由开发小组联合生成的多个项目。复杂的应用程序可能需要多个解决方案。

Visual Studio 将解决方案的定义存储在两个文件中：.sln 和 .suo。

创建新项目时，Visual Studio 会自动生成一个解决方案。然后，用户可以根据需要将其它项目添加到该解决方案中，如图 10-11 所示。

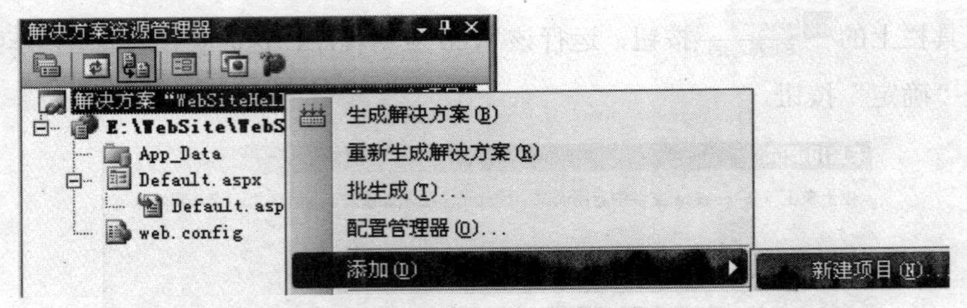


图 10-11　解决方案资源管理器

“解决方案资源管理器”提供整个解决方案的图形视图，开发应用程序时，该视图可帮助用户管理解决方案中的项目和文件。

优点是解决方案使用户能够集中精力开发和部署项目，而不用考虑项目文件、组件和对象管理的具体细节。每个 Visual Studio 解决方案都可用于：

(1) 在 IDE 的同一实例中处理多个项目。

(2) 使用应用于整个项目集的设置和选项来处理项。

(3) 使用“解决方案资源管理器”帮助开发和部署应用程序。

(4) 管理在解决方案或项目环境的外部打开的其它文件。

**2．项目**

为了对正在开发的项进行组织和执行常规任务，将 Visual Studio 项目用作解决方案内的容器，以通过逻辑方式管理、生成和调试构成应用程序的项。

项目包含一组源文件以及相关的元数据，如组件参考和生成说明。生成项目时通常会生成一个或多个输出文件。项目的输出通常是可执行程序 (.exe)、动态链接库 (.dll) 文件或模块等。解决方案包含一个或多个项目，以及帮助在整体上定义解决方案的文件和元数据。

所有 Visual Studio 开发产品都提供了许多预定义的项目模板。可以使用这许多项目模板之一创建基本项目容器以及一组开发应用程序、类、控件或库可能需要的预备项。例如，如果选择创建一个 Web 应用程序，则项目将提供一个 Web 窗体项。一个项目可以包含多个项(文件或文件夹)，可以向项目中添加新项，如图 10-12 所示。

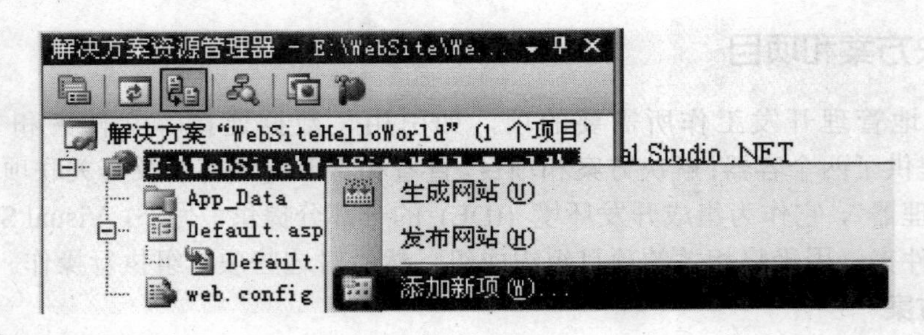


图 10-12　向项目中添加新项

### 10.4.2 Web 应用程序中的文件及文件夹

**1. Web 应用程序的文件**

ASP.NET 3.5 Web 应用程序是程序运行的基本单位，通常由多种文件组成，至少包括如下的文件，如图 10-13 所示。

(1) Web 窗体页(.aspx 文件)。

(2) 代码隐藏文件(.cs 文件)。

(3) 配置文件(web.config 文件)。

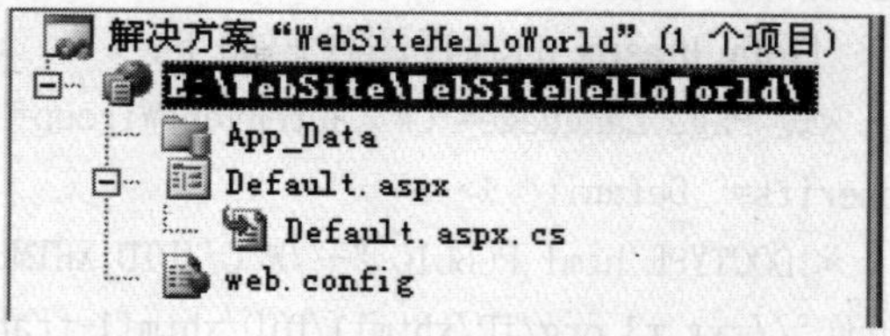

Web 应用程序还可能包括如下的文件：

(1) Web 服务(.asmx 文件)。

(2) 全局文件 Global.asax。

(3) 用户控件文件(.ascx 文件)。

(4) 其它组件

解决方案 "WebSiteHelloWorld" (1 个项目)
E:\WebSite\WebSiteHelloWorld\
App_Data
Default.aspx
Default.aspx.cs
web.config

图 10-13 解决方案中包含的必备文件

**2. Web 应用程序的文件夹**

ASP.NET 3.5 Web 应用程序至少包含 App_Data 文件夹。

为了实现客户管理和个性化服务，系统将提供专用的数据库和一些专用的数据表。这些数据库和表将自动放在该目录下。

ASP.NET 3.5 Web 应用程序可能还包含如下文件夹。

(1) App_Code：包含代码源文件，例如.cs、.vb 和.jsl 文件。

(2) Bin：包含已编译的程序集(.dll)。

(3) App_GlobalResources：包含编译到全局范围程序集当中的资源(.resx 和.resources)。

(4) App_Local Resources：包含与应用程序中的特定页、用户控件或母板页关联的资源(resx 和.resources)。

应用程序会根据需要添加上述文件夹，当然也可在网站中手工添加上述文件夹，如图 10-14 所示。

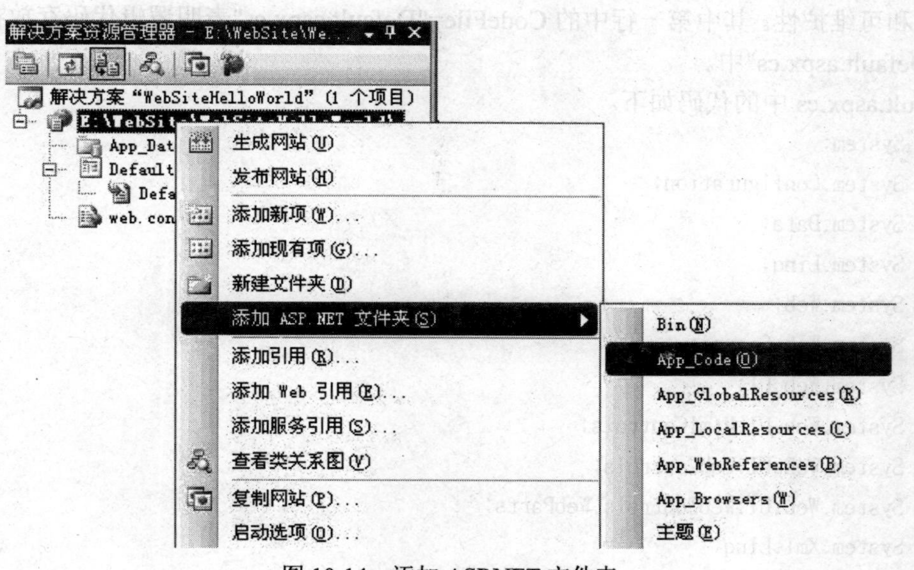


图 10-14 添加 ASP.NET 文件夹

### 10.4.3 ASP.NET 页面代码组织模式

#### 1. ASP.NET 页面的隐藏(Code Behind)代码

这种方式 html 和 cs 代码分离，即实现了设计和逻辑分离，是 ASP.NET 提倡的一种代码组织模式。我们看一下例 10-1 的相关代码。

Default.aspx 的源视图代码如下：

```
<%@ Page Language="C#" AutoEventWireup="true"  CodeFile="Default.aspx.cs"
Inherits="_Default" %>
<!DOCTYPE html PUBLIC "-//W3C//DTD XHTML 1.0 Transitional//EN"
"http://www.w3.org/TR/xhtml1/DTD/xhtml1-transitional.dtd">
<html xmlns="http://www.w3.org/1999/xhtml">
<head runat="server">
    <title>无标题页</title>
</head>
<body>
    <form id="form1" runat="server">
    <div>
            <asp:Label ID="Label1" runat="server" Text="Label"></asp:Label>
        <br />
        <asp:Button ID="Button1" runat="server" onclick="Button1_Click" Text="Button" />
        </div>
    </form>
</body>
</html>
```

可以看出上述代码中，并不含有 C#代码，即实现了实现了设计和逻辑的分离，具有很高的可读性和可维护性。其中第一行中的 CodeFile="Default.aspx.cs"表明逻辑代码存放在代码隐藏文件"Default.aspx.cs"中。

Default.aspx.cs 中的代码如下。

```
using System;
using System.Configuration;
using System.Data;
using System.Linq;
using System.Web;
using System.Web.Security;
using System.Web.UI;
using System.Web.UI.HtmlControls;
using System.Web.UI.WebControls;
using System.Web.UI.WebControls.WebParts;
using System.Xml.Linq;
```

```
public partial class _Default : System.Web.UI.Page
{
    protected void Page_Load(object sender, EventArgs e)
    {
    }
    protected void Button1_Click(object sender, EventArgs e)
    {
        Label1.Text = "Hello,World!";
    }
}
```

### 2. ASP.NET 页面的嵌入式(Code Inline)代码

Code Inline 代码，即代码直接书写在 aspx 页面中，和 html 代码混排在一起，这带来了难以维护和代码可读性差的问题。但在早期的 web 开发中，嵌入式代码是唯一的方法。

若要采用嵌入式代码来实现例 10-1 的效果，应进行如下操作。

(1) 在解决方案管理器删除 Default.aspx.cs 文件。

(2) 切换到 Default.aspx 的源视图，进行如下修改。

```
<%@ Page Language="C#" %>
<script runat="server">
 protected void Button1_Click(object sender, EventArgs e) {
      Label1.Text ="Hello,World!";
 }
</script>
```

即：将<%@ Page Language="C#" AutoEventWireup="true" CodeFile="Default.aspx.cs" Inherits="_Default" %>只保留了<%@ Page Language="C#" %>部分，记住一定要删除 CodeFile="Default.aspx.cs"部分，因为"Default.aspx.cs"已不存在了。

另外插入了<script>…</script>，将原本在"Default.aspx.cs"中的 Button1_Click()代码嵌入其中。

这种方式虽然少了一个文件(Default.aspx.cs)，但是 C#代码嵌在 HTML 标记之中，造成代码可读性差和难以维护的问题，因此应尽量避免。

# 10.5 Web 服务

## 10.5.1 Web 服务的基本概念

Web 服务(Web Service)是基于 XML 和 HTTPS 的一种服务，其通信协议主要基于 SOAP，服务的描述通过 WSDL，通过 UDDI 来发现和获得服务的元数据。Web services 是建立可互操作的分布式应用程序的新平台。Web service 平台是一套标准，它定义了应用程序如何在 Web 上实现互操作性。可以用任何语言，在任何平台上写 Web service ，只要可以通过 Web service 标准对这些服务进行查询和访问。Web 服务就是一个应用程序，它向外界暴露出一个能够通过 Web 进行调用的 API。也就是说，能够用编程的方法通过 Web 调用来实现某个功能的应用程序。从深层次上看，Web 服务是一种新型的 Web 应用程序，它是自包含、自描述、模块化的应用，可以在 Web 描述、发布、查找以及通过 Web 来调用。

在实际应用中，数据常来源于不同的平台和系统。Web 服务为这种情况下数据集成提供了一种便捷的方式。通过访问和使用远程 Web 服务可以访问不同系统中的数据。在使用时通过 Web 服务，Web 应用程序不仅可以共享数据，还可以调用其它应用程序生成的数据，而不用考虑其它应用程序是如何生成这些数据的。

### 10.5.2 Web 服务的优点

Web 服务代表了分布式计算的发展方向。其主要优势在于：

(1) 平台独立性：意味着 Web 服务可以在不同平台上获得支持。

(2) 松耦合：扩展 Web 服务的接口或者增加新的方法，只要仍旧提供旧的方法和参数就不会影响客户端。

(3) 无缝连接：Web 服务不需要持久的连接。这使得易于扩展到更多的客户端。

(4) 不影响防火墙：防火墙通常会给分布式技术带来障碍，但是 Web 服务几乎不会影响防火墙。

(5) 数据重用(集成)：Web 服务为来源于不同的平台和系统的数据集成提供了一种便捷的方式。注意：返回数据而不是返回页面是 Web 服务的重要特点。

(6) 软件重用：除数据重用外，使用 Web 服务还能实现软件重用。

### 10.5.3 创建简单的 Web 服务

建立 Web 服务意味着必须对其它计算机或客户暴露某些信息，其实质就是在支持 SOAP 通信的类中建立一个或多个方法。ASP.NET 提供了两种模板来创建 Web 服务。

**1．ASP.NET Web 服务网站模板**

用于创建独立的网站，在创建时会自动在网站根文件夹下建立一个 Web 服务文件 Service.asmx，同时在 App_Code 文件夹下建立相应的类文件 Service.cs。因为该 Web 服务可独立部署，不仅可供其它站点内的网页调用，还可由 Windows 应用程序调用，应用非常广泛，所以通常采用该模板创建 Web 服务。

**2．Web 服务文件模板**

要建立 Web 服务文件，不必专门创建一个网站，可以利用 Web 服务文件模板在已有的 ASP.NET 网站中添加 Web 服务文件。因为该 Web 服务文件仅供该站点内的网页调用，实际意义不大，所以通常不采用该模板创建 Web 服务。

注意：ASP.NET Web 服务文件的扩展名为.asmx。

**3．应用实例**

【例 10-2】建立一个简单的 ASP.NET Web 服务网站。

选择“文件”|“新建”|“网站”，再选择 ASP.NET Web 服务模板，创建一个新的 Web 服务网站，其位置为：D:\CH09\CH09-1，如图 10-15 所示，单击“确定”按钮。

此时在站点根目录下自动建立了 Service.asmx 文件；同时建立了“App_Code”文件夹，并在该文件夹下建立了 Service.cs 文件。

自动建立的 Service.asmx 代码如下：

```
<%@ WebService Language="C#" CodeBehind="~/App_Code/Service.cs" Class="Service" %>
```

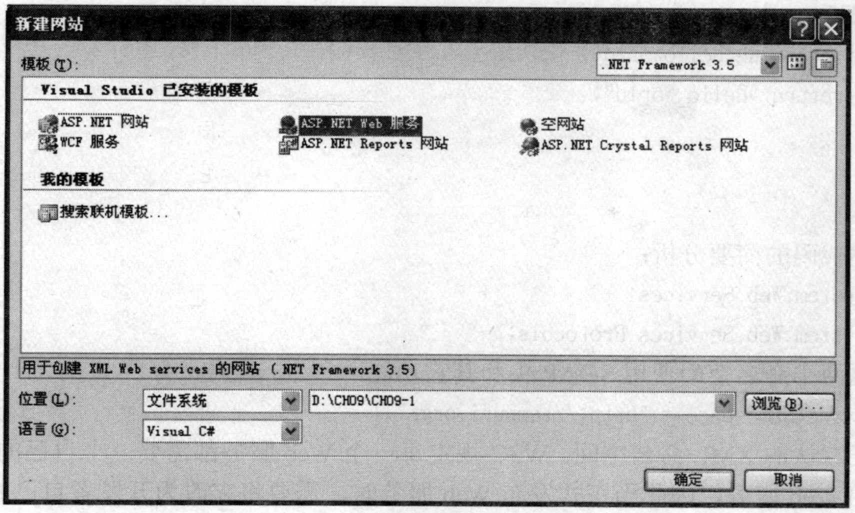

图 10-15　新建服务网站

可见 Web 服务文件使用@WebService 指令替换了普通 Web 应用程序的@Page 指令。简单的@WebService 指令只有 4 个可选的属性，包括：

(1) Class：必需项。指定了实现 XML Web 服务的类。

(2) CodeBihind：如果采用代码隐藏模式，该属性是必需的。

(3) Debug：可选项，如果使用调试符号编译 XML Web 服务，则为 True；否则为 False。

(4) Language：必需项。指定在 Web 服务文件内编译所有内联代码时使用的语言。

自动建立的 Service.cs 代码如下：

```
using System;
using System.Linq;
using System.Web;
using System.Web.Services;
using System.Web.Services.Protocols;
using System.Xml.Linq;

[WebService(Namespace = "http://tempuri.org/")]
[WebServiceBinding(ConformsTo = WsiProfiles.BasicProfile1_1)]
// 若要允许使用 ASP.NET AJAX 从脚本中调用此 Web 服务，请取消对下行的注释。
// [System.Web.Script.Services.ScriptService]
public class Service : System.Web.Services.WebService
{
    public Service () {

        //如果使用设计的组件，请取消注释以下行
        //InitializeComponent();
    }
```

```
    [WebMethod]
    public string HelloWorld() {
        return "Hello World";
    }

}
```

上述代码的简要分析：

```
using System.Web.Services;
using System.Web.Services.Protocols;
```

通过这两个命名空间使用 SOAP 头和其它功能。

```
[WebService(Namespace = "http://tempuri.org/")]
```

设置了默认的 XML 命名空间。W3C 规定每一个 Web 服务都需要一个自己的命名空间来区别其它的 Web 服务，因此当正式发布 Web 服务时，需要将它改为开发者自己的命名空间，如公司网站的域名。

```
[WebServiceBinding(ConformsTo = WsiProfiles.BasicProfile1_1)]
```

表示本 Web 服务的规范为“WS-I 基本规范 1.1 版”。这种规范用于实现跨平台 Web 服务的互操作性。

```
public class Service : System.Web.Services.WebService
```

定义了 Web 服务类 Service，该类派生于 System.Web.Services.WebService。创建 Web 服务实质就是创建 System.Web.Services.WebService 的一个子类。

```
public string HelloWorld()
```

Web 服务类 Service 的公共方法。在创建类方法前必须加入[WebMethod]。如果不用[WebMethod]进行声明，则定义的方法只能在本服务内部调用。

运行网站(Web 服务)，结果如图 10-16 所示。

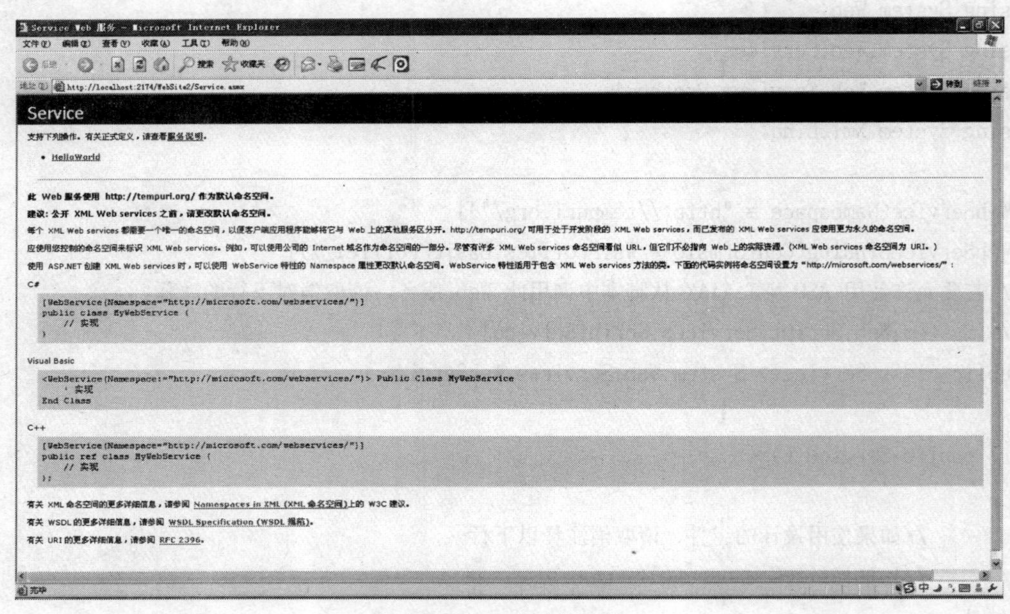


图 10-16　运行结果

单击“HelloWorld”超链接，再单击“调用”按钮，结果如图 10-17 所示。

图 10-17　调用 HelloWorld 方法运行结果

## 10.5.4　定义 Web 服务方法

可通过 Web 进行通信的 Web 服务的方法称为 Web 服务方法，对于使用 ASP.NET 创建的 Web 服务，添加该功能十分简单。Web 服务类可以包含很多方法，但是只有添加了 WebMethod 属性的方法才能通过 HTTP 访问。WebMethod 包含很多公共属性，如表 10-1 所示。

表 10-1　WebMethod 的公共属性

| 名称 | 说　明 |
| --- | --- |
| BufferResponse | 获取或设置是否缓存该请求的响应 |
| CacheDuration | 获取或设置响应在缓存中保留的秒数 |
| Description | XML Web 服务方法的描述性消息 |
| EnableSession | 指示是否为 XML Web 服务方法启用会话状态 |
| MessageName | Web 服务方法的名称 |
| TransactionOption | 指示 Web 服务方法是否支持事务 |

【例 10-3】定义 Web 服务方法。

将例 10-2 中定义的默认的 Web 服务方法 HelloWorld()的代码进行修改，以实现在客户端输入数据的 Web 服务，这样在调用该 Web 服务方法时，需要从客户端浏览器输入一个字符串，并将其返回。修改后的 HelloWorld()代码如下：

```
[WebMethod]
    public string HelloWorld(string UserName) {
        return "Hello ,"+UserName ;
}
```

运行网站(Web 服务)，再单击“HelloWorld”超链接，如图 10-18 所示。

在文本框中输入“QCW”，单击“调用”按钮，如图 10-19 所示。

## 10.5.5　调用简单的 Web 服务

### 1．Web 服务客户程序

调用 Web 服务的程序称为 Web 服务客户程序。它包括：Web 应用程序、Windows 窗体、移动应用程序、ASP.NET AJAX 脚本库等。注意：ASP.NET AJAX 从脚本库中调用 Web 服务，则需要导入命名空间 System.Web.Script.Services.ScriptService。本章中的 Web 服务客户程序特指 Web 应用程序。

Service Web 服务 - Microsoft Internet Explorer

http://localhost:2438/CH09-2/Service.asmx?op=HelloWorld

Service

单击此处，获取完整的操作列表。

HelloWorld

测试

若要使用 HTTP POST 协议对操作进行测试，请单击“调用”按钮。

| 参数 | 值 |
| --- | --- |
| UserName: | QCW |

调用

SOAP 1.1

以下是 SOAP 1.2 请求和响应示例。所显示的占位符需替换为实际值。

```
POST /CH09-2/Service.asmx HTTP/1.1
Host: localhost
Content-Type: text/xml; charset=utf-8
Content-Length: length
SOAPAction: "http://tempuri.org/HelloWorld"

<?xml version="1.0" encoding="utf-8"?>
<soap:Envelope xmlns:xsi="http://www.w3.org/2001/XMLSchema-instance" xmlns:xsd="http://www.w3.org/2001/XMLSchema" xmlns:soap="http://schemas.xmlsoap.org/soap/envelope/">
  <soap:Body>
    <HelloWorld xmlns="http://tempuri.org/">
      <UserName>string</UserName>
    </HelloWorld>
  </soap:Body>
</soap:Envelope>
```

```
HTTP/1.1 200 OK
Content-Type: text/xml; charset=utf-8
Content-Length: length

<?xml version="1.0" encoding="utf-8"?>
<soap:Envelope xmlns:xsi="http://www.w3.org/2001/XMLSchema-instance" xmlns:xsd="http://www.w3.org/2001/XMLSchema" xmlns:soap="http://schemas.xmlsoap.org/soap/envelope/">
  <soap:Body>
    <HelloWorldResponse xmlns="http://tempuri.org/">
```

完毕　本地 Intranet

图 10-18　运行结果

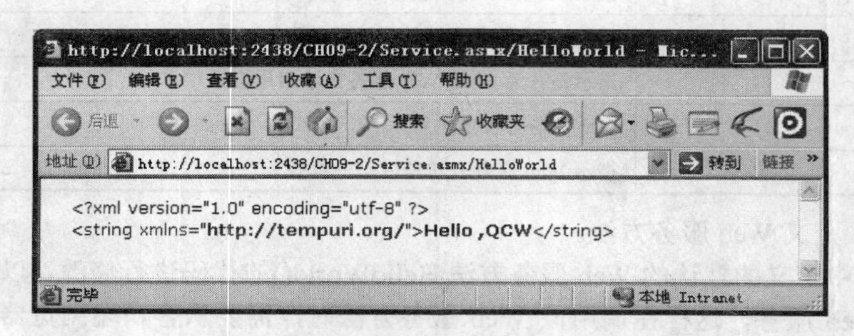


图 10-19　调用 HelloWorld 方法运行结果

### 2．添加 Web 引用

要使用 ASP.NET Web 服务只需将服务以 Web 引用的方式添加到项目中，然后通过创建 Web 服务的实例来使用服务。

在 Web 服务客户程序中添加 Web 引用时，应首先让 Web 服务客户程序能够发现 Web 服务，可以采用如下两种方法。

方法一：先运行 Web 服务，不要关闭，再启动 VS，运行调用该 Web 服务的 Web 应用程序，然后添加 Web 引用。步骤如下。

(1) 运行【例 10-3】定义的 Web 服务网站，结果如图 10-20 所示。

(2) 再启动 VS，新建调用该 Web 服务的 Web 应用程序(网站)，然后右击网站根目录，选择“添加 Web 引用”项，如图 10-21 所示。

(3) 在 URL 列表框中输入 http://localhost:2438/CH09-2/Service.asmx，然后单击“前往”按钮，如图 10-22 所示。

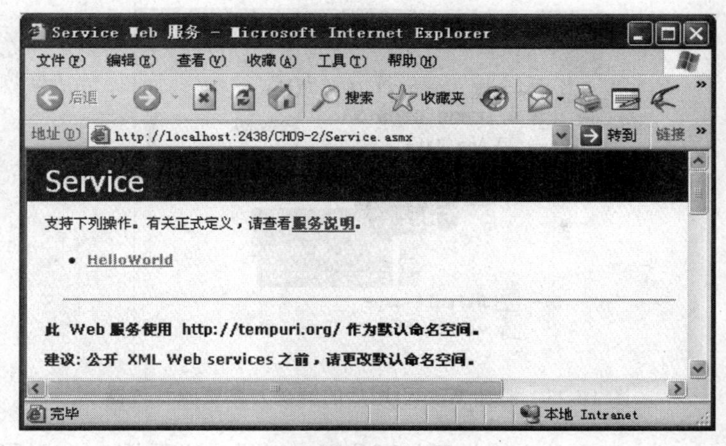


图 10-20　运行结果

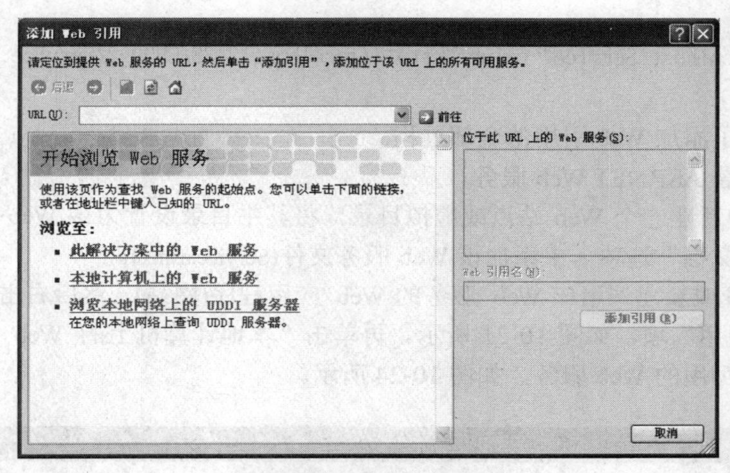


图 10-21　添加 Web 引用

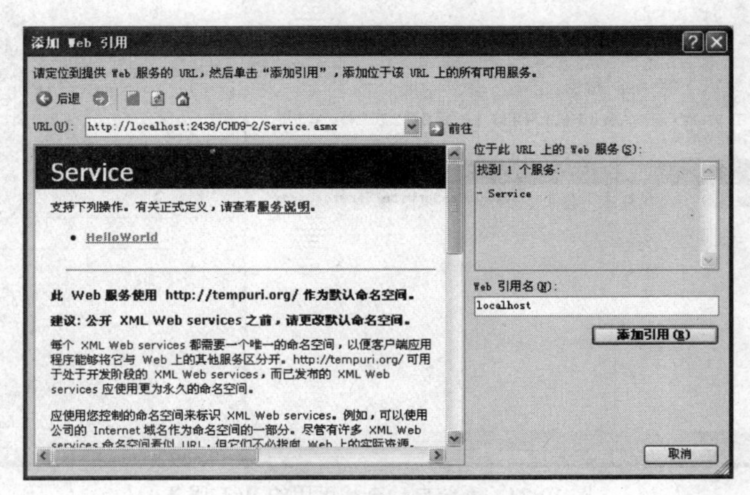


图 10-22　找到 Web 服务

(4) 然后单击“添加引用”按钮，此时的解决方案管理器，增加了“App_WebReferences”文件夹，如图 10-23 所示。

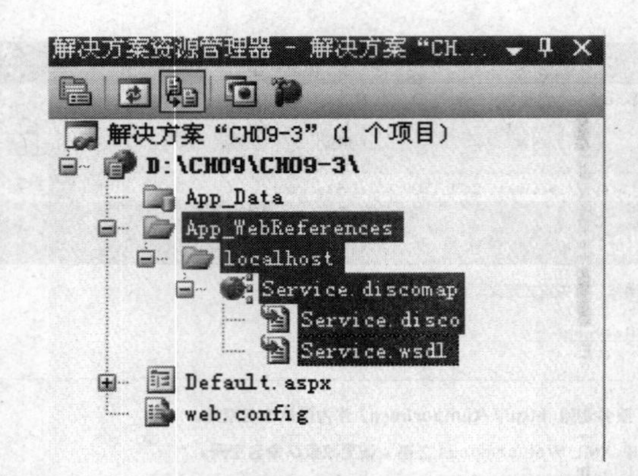


图 10-23　添加 Web 引用后的解决方案资源管理器

此时站点的 web.config 文件中添加了如下代码，以设定实际的 Web 引用。

```
<appSettings>
    <add key="localhost.Service" value="http://localhost:2438/CH09-2/Service.asmx"/>
</appSettings>
```

至此已完成了添加 Web 引用的全部过程。

方法二：部署 ASP.NET Web 服务。

(1) 在 IIS 中新建一个 Web 站点或虚拟目录，将其主目录设置为该 Web 服务网站所在的文件夹，并在“文档”选项卡中添加该 Web 服务文件(Service.asmx)。

(2) 然后打开或新建调用该 Web 服务的 Web 应用程序(网站)，然后右击网站根目录，选择“添加 Web 引用”项，如图 10-21 所示。再单击“本地计算机上的 Web 服务”超链接，系统将自动查找可用的 Web 服务，如图 10-24 所示。

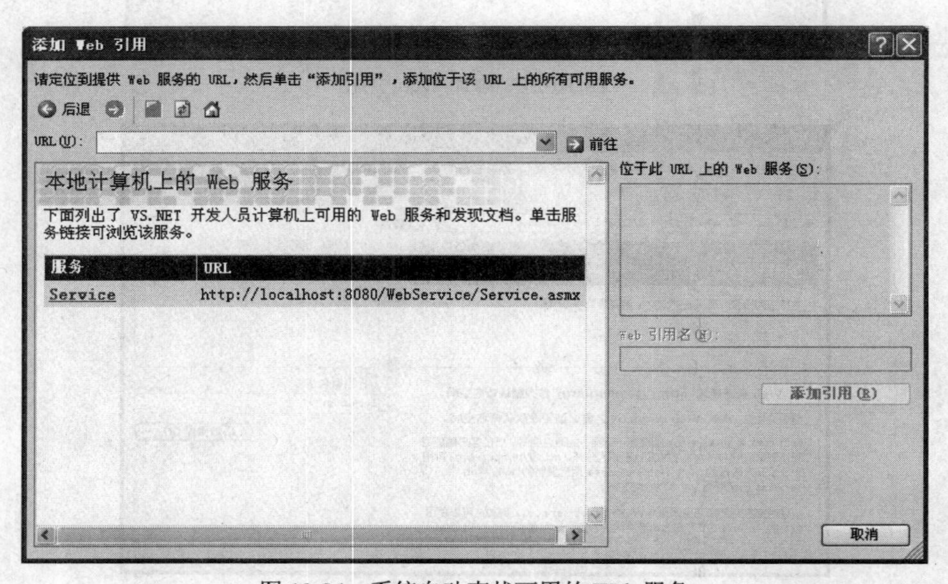


图 10-24　系统自动查找可用的 Web 服务

(3) 单击“service”，如图 10-25 所示。

(4) 单击“添加引用”按钮，完成添加 Web 引用。

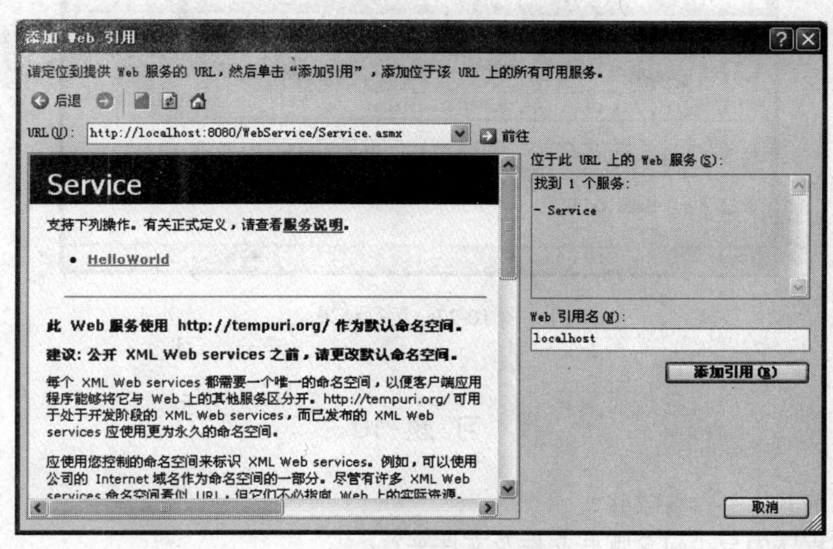


图 10-25　找到 Web 服务

### 3. 调用 Web 服务

【例 10-4】在 Web 应用程序中调用 Web 服务。创建一个 Web 应用程序来调用例 10-3 定义的 Web 服务。

(1) 新建一个网站。

选择“文件”|“新建”| “网站”，选择 ASP.NET Web 网站模板，创建一个新的 Web 应用程序网站。

(2) 打开 Default.aspx 窗体，切换到设计视图，进行如图 10-26 所示的设计。

图 10-26　设计视图

(3) 右击网站根目录，选择“添加 Web 引用”项，其步骤如前面所述。

(4) 双击“调用 Web 服务”按钮，添加 Button1_Click()方法，其代码如下。

```
protected void Button1_Click(object sender, EventArgs e)
    {
        //实例化Service对象
        localhost.Service ms = new localhost.Service();
        //调用Service对象ms的HelloWorld方法
        Label1.Text = ms.HelloWorld(TextBox1 .Text);
  }
```

(5) 保存并运行网站。在文本框中输入“QCW”，然后单击“调用 Web 服务”按钮，结果如图 10-27 所示。

图 10-27 运行结果

## 习 题 10

1. 常用的网页制作语言有哪些？
2. Web 应用程序中至少包含哪些文件及文件夹？
3. 创建一个 ASP.NET Web 应用程序实现通过单击按钮，在标签中显示“欢迎学习 ASP.NET！”。
4. 简述 Web 服务的优点。
5. 创建一个网站，实现调用简单的 Web 服务。